村庄整治技术手册

村镇生活垃圾处理

住房和城乡建设部村镇建设司　组织编写
徐海云　主编

中国建筑工业出版社

图书在版编目(CIP)数据

村镇生活垃圾处理/徐海云主编. —北京：中国建筑工业出版社，2009
(村庄整治技术手册)
ISBN 978-7-112-11654-6

Ⅰ. 村… Ⅱ. 徐… Ⅲ. 乡镇—生活—垃圾处理—手册
Ⅳ. X799.305-62

中国版本图书馆CIP数据核字(2009)第219558号

村庄整治技术手册

村镇生活垃圾处理

住房和城乡建设部村镇建设司　组织编写

徐海云　主编

*

中国建筑工业出版社出版、发行(北京西郊百万庄)
各地新华书店、建筑书店经销
北京天成排版公司制版
北京同文印刷有限责任公司印刷

*

开本：880×1230毫米 1/32 印张：3½ 字数：106千字
2010年3月第一版 2014年8月第二次印刷
定价：**12.00**元
ISBN 978-7-112-11654-6
(18913)

本书为村庄整治技术手册之一。全书共分六章：第一章绪论，第二章村镇生活垃圾来源与分类，第三章生活垃圾处理模式选择，第四章垃圾收集与运输，第五章垃圾处理与资源化利用，第六章农村垃圾管理。

第一章从介绍我国城市生活垃圾处理的发展现状、管理体制以及技术标准体系入手，引出村镇生活垃圾处理面临的问题。第二章介绍居民生活垃圾特性及影响因素。第三章介绍了现有生活垃圾处理的基本模式以及污染控制标准。第四章介绍生活垃圾收集和运输模式。第五章介绍了生活垃圾处理与资源化利用的基本途径。生活垃圾处理可分为废品回收、有机垃圾资源化利用、焚烧处理和填埋处理，最后介绍了我国村镇生活垃圾处理已有的实践和探索。

*　　*　　*

责任编辑：刘　江
责任设计：赵明霞
责任校对：陈　波　赵　颖

《村庄整治技术手册》
组委会名单

《村庄整治技术手册》
编委会名单

郝芳洲　中国农村能源行业协会研究员
徐海云　中国城市建设研究院总工程师、研究员
顾宇新　住房和城乡建设部村镇建设司村镇规划(综合)处处长
倪　琪　浙江大学风景园林规划设计研究中心副主任
凌　霄　广东省城乡规划设计研究院高级工程师
戴震青　亚太建设科技信息研究院总工程师

本书编写人员名单

徐海云　城市建设研究院

康振同　城市建设研究院

姚志坚　江苏溧阳市环卫处

严　勃　成都市城市环境管理科学研究院

云　松　城市建设研究院

程义军　城市建设研究院

序

当前，我国经济社会发展已进入城镇化发展和社会主义新农村建设双轮驱动的新阶段，中国特色城镇化的有序推进离不开城市和农村经济社会的健康协调发展。大力推进社会主义新农村建设，实现农村经济、社会、环境的协调发展，不仅经济要发展，而且要求大力推进生态环境改善、基础设施建设、公共设施配置等社会事业的发展。村庄整治是建设社会主义新农村的核心内容之一，是立足现实、缩小城乡差距、促进农村全面发展的必由之路，是惠及农村千家万户的德政工程。它不仅改善了农村人居生态环境，而且改变了农民的生产生活，为农村经济社会的全面发展提供了基础条件。

在地方推进村庄整治的实践中，也出现了一些问题，比如乡村规划编制和实施较为滞后，用地布局不尽合理；农村规划建设管理较为薄弱，技术人员的专业知识不足、管理水平较低；不少集镇、村庄内交通路、联系道建设不规范，给水排水和生活垃圾处理还没有得到很好解决；农村环境趋于恶化的态势日趋明显，村庄工业污染与生活污染交织，村庄住区和周边农业面临污染逐年加重；部分农民自建住房盲目追求高大、美观、气派，往往忽略房屋本身的功能设计和保温、隔热、节能性能，存在大而不当、使用不便，适应性差等问题。

本着将村庄整治工作做得更加深入、细致和扎实，本着让农民得到实惠的想法，村镇建设司组织编写了这套《村庄整治技术手册》，从解决群众最迫切、最直接、最关心的实际问题入手，目的是为广大农民和基层工作者提供一套全面、可用的村庄整治实用技术，推广各地先进经验，推行生态、环保、安全、节约理念。我认为这是一项非常及时和有意义的事情。但尤其需要指出的是，村庄整治工作的开展，更离不开农民群众、地方各级政府和建设主管部门以及社会各界的共同努力。村庄整治的目的是为农民办实事、办好事，我希望这套丛书能解决农村一线的工作人员、技术人员、农民参与村庄整治的技术需求，能对农民朋友们和广大的基层工作者建设美好家园和改变家乡面貌有所裨益。

仇保兴

2009 年 12 月

前　言

《村庄整治技术手册》是讲解《村庄整治技术规范》主要内容的配套丛书。按照村庄整治的要求和内涵，突出“治旧为主，建新为辅”的主题，以现有设施的改造与生态化提升技术为主，吸收各地成功经验和做法，反映村庄整治中适用实用技术工法(做法)。重点介绍各种成熟、实用、可推广的技术(在全国或区域内)，是一套具有小、快、灵特点的实用技术性丛书。

《村庄整治技术手册》由住房和城乡建设部村镇建设司和山东农业大学共同组织编写。丛书共分13分册。其中，《村庄整治规划编制》由山东农大组织编写，《安全与防灾减灾》由北京工业大学组织编写，《给水设施与水质处理》由北京市市政工程设计研究总院组织编写，《排水设施与污水处理》由住房城乡建设部农村污水处理北方中心组织编写，《村镇生活垃圾处理》由中国城市建设研究院组织编写，《农村户厕改造》由中国疾病预防控制中心组织编写，《村内道路》由中国农业大学组织编写，《坑塘河道改造》由广东省城乡规划设计研究院组织编写，《农村住宅改造》由同济大学组织编写，《家庭节能与新型能源应用》由亚太建设科技信息研究院组织编写，《公共环境整治》由中国建筑设计研究院城镇规划设计研究院组织编写，《村庄绿化》由浙江大学组织编写，《村庄整治工作管理》由山东农业大学组织编写。在整个丛书的编写过程中，山东农业大学在组织、协调和撰写等方面付出了大量的辛勤劳动。

本手册面向基层从事村庄整治工作的各类人员，读者对象主要包括村镇干部，村庄整治规划、设计、施工、维护人员以及参与村庄整治的普通农民。

村庄整治技术涉及面广，手册的内容及编排格式不一定能满足所有读者的要求，对书中出现的问题，恳请广大读者批评指正。另外，村庄整治技术发展迅速，一套手册难以包罗万象，读者朋友对在村庄整治工作中遇到的问题，可及时与山东农业大学村镇建设工程技术研究中心(电话 0538-8249908，E-mail：zgczjs@126.com)联系，编委会将尽力组织相关专家予以解决。

编委会

2009 年 12 月

本书前言

建设社会主义新农村是十六届五中全会通过的“十一五”规划建议的一个突出的重点和亮点。社会主义新农村的目标要求是：“生产发展、生活宽裕、乡风文明、村容整洁、管理民主”。实现“村容整洁”的直接措施就是要建立村镇垃圾收运处理系统。

2008年底，我国设市城市数量655座，建制镇约2万个，村庄320多万个。全国乡村人口7.2亿人(来源：中华人民共和国2008年国民经济和社会发展统计公报，中华人民共和国国家统计局，2009年2月26日)，建制镇及县城人口约为1.5亿，也就是说，生活在农村和小城镇的人口约为8.7亿人。随着村镇居民生活消费水平的提高，以及各种现代工业生产的日用消费品普及，必然产生大量的生活垃圾。大量生活垃圾无序丢弃或露天堆放，对环境造成严重污染，不仅占用土地、破坏景观，而且还传播疾病，影响环境卫生和居民健康。因此，村镇垃圾管理已成为我国小村镇发展中的亟需解决的重大环境问题之一，建立村镇垃圾收运管理体系对控制土地污染和水污染具有重要意义。

在过去的近10年内，在城市固体垃圾管理方面取得了显著的进步并且达到了一定的水平。然而在小城镇和农村地区，垃圾管理才刚刚起步。村镇生活垃圾的污染主要表现为塑料包装物以及其它现代消费品产生的生活垃圾造成的污染。对于还进行种植或养殖的农民，有机垃圾基本可以自行消化(如家禽可以消化剩余食品类垃圾，泥土以及植物类垃圾还可以还田)；对于不再从事种植或养殖的居民(主要居住在城镇的居民)，和城市一样，生活垃圾中不仅有现代消费品产生的生活垃圾如包装类垃圾，生活垃圾中厨馀类有机物也占有较大比例。

从村镇居民区人口密度对比，我国村镇居民区与发达国家的许多中小城市居民区人口密度更接近。虽然我们的村镇居民收入相对很低，但我们的劳动力成本同样很低，人均消费水平和人均垃圾产生量也比较低，垃圾收运处理成本也将是比较低的。村镇推行有限度的垃圾分类收集具有较好的客观条件，把能够回收的废品收集起来，把有机垃圾就地处理，把灰土类无机垃圾就地处理，只是把不能回收的收集起来，集中运到规模化的垃圾处理厂进行集中处理，这部分垃圾以包装垃圾为主，主要来源为工厂化生产的消费品，人均产生量不大，不需要每天收集而只要定期收集，收集和运输成本可显著降低。对于不能回收利用的生活垃圾，处理标准越高也就是要求处理规模尽可能的大，处理服务范围尽可能大。按照我国现有的生活垃圾处理建设标准水平，乡镇单独建设垃圾处理设施缺乏经济性。若干乡镇共建生活垃圾处理设施还存在体制性障碍，要使县域内垃圾处理设施实现合理配置，资源共享，就需要确定区域内垃圾处理规划的主导权。村镇生活垃圾管理的基础是建立村镇垃圾收运体系基础。建立村镇垃圾收运体系要点是推行分类收集；重点是首先对包装类垃圾进行集中收集、运输和处理，逐步构建家庭有毒有害垃圾收集体系。

村镇地区往往基础设施条件薄弱，如道路硬化水平低，家庭用燃气普及率低等，生活垃圾中的渣土类无机垃圾含量高，如果不进行分类收集，而将这些垃圾集中长距离运输，显然是不经济的，也是不必要的；同样，对于可腐烂的有机垃圾进行长距离集中，同样是不经济的，也不利于有机垃圾资源化利用。在我国城市的环境卫生管理中，推行生活垃圾分类收集并不顺利，至今还处于摸索阶段，对于在村镇中推行生活垃圾分类收集，很多人存在疑虑。从现有的实践看，村镇生活垃圾推行分类收集具有更强的操作性。首先大多数村镇人口密度小，流动性小，大家作息时间基本相同，彼此熟悉，沟通和交流多，重要政府组织引导得当，完全可以搞好分类收集。此外，村镇附近有足够的农田、林地等接受并需要有机垃圾堆肥。生活垃圾分类收集有条件从村镇率先突破。

目　录

1 绪　论

1.1 生活垃圾

居民日常消费和生活活动产生的废弃物通常称为生活垃圾。在工业化以前，生活垃圾基本上为可降解的生物质和砖石灰土，如食物残渣、粪便、果皮、毛发、木草、灰土、砖瓦、陶瓷，金属和玻璃则很少。随着工业化时代来临，特别是化学工业的发展，各种新材料广泛使用，消费品种类越来越多、越来越丰富，生活垃圾特性也随着发生了变化。广义上分析，有什么样的消费品，就会相对应产生什么样的生活垃圾；狭义上分析，生活垃圾与人们的日常衣食住行密切相关，人们每天都要食物，因此，就会产生食物残渣。为了食物的安全和卫生，通常需要包装，相应就产生包装废弃物，人们生活中使用各种器具用品，这些用品使用寿命结束后也会变成垃圾。此外，人们在使用能源、修建住所等活动中也会产生垃圾。

村镇居民的生活垃圾和城市居民的生活垃圾本质上相同的，但由于消费水平、基础设施条件以及利用程度的差异（见图 1-1），生活垃圾特性存在差异。

(*a*)

(*b*)

图 1-1　村镇垃圾图片（一）

(*a*)东北农村（黑龙江）；(*b*)中部农村（河南）

图 1-1 村镇垃圾图片(二)

(c)西部农村(四川);(d)南部乡镇(海南);(e)东部乡镇(山东);
(f)东部乡镇(江苏);(g)农家庭院;(h)农家庭院

村镇生活垃圾对环境的污染是综合的,主要途径有:1)土地污染,生活垃圾堆放不仅占用土地,同时各类难以降解的化学物质又给土壤造成污染;2)水污染,堆放的农村垃圾腐败形成渗滤液给地表水和地下水都带来污染;3)空气污染,垃圾腐败产生恶臭污染以及露天焚烧都会带来空气污染。此外,由于垃圾引起的环境卫生问题如病菌、病毒的传播等也给居民健康带来威胁。生活垃圾的污染表现是长期的、缓慢的累积过程。生活垃圾没有显著的毒性和危害性，又受环境的自净能力和环境容量影响，生活垃圾的污染通常不会是急性的，但可能会呈现累积效应。

要认识村镇生活垃圾管理，需要首先了解城市生活垃圾管理。

1.2 城市生活垃圾处理发展介绍

改革开放以来，我国城市生活垃圾处理得到快速发展。2007年城市生活垃圾清运量比1979年增加了5倍。生活垃圾处理设施从无到有，各类先进的生活垃圾材料利用及能源利用设施都已经得到应用。在1990年前，全国城市垃圾处理率还不足2%，进入20世纪90年代以后，我国城市垃圾处理水平不断提高。2007年全国城市年清运城市垃圾1.52亿吨，共有垃圾处理厂(场)449座，垃圾处理能力达到27.2万吨/日，垃圾处理率62%。在1979～2007年期间，城市垃圾清运量年平均增长率为6.6%，城市垃圾量的增长与城市人口增长基本同步(见图1-2)。

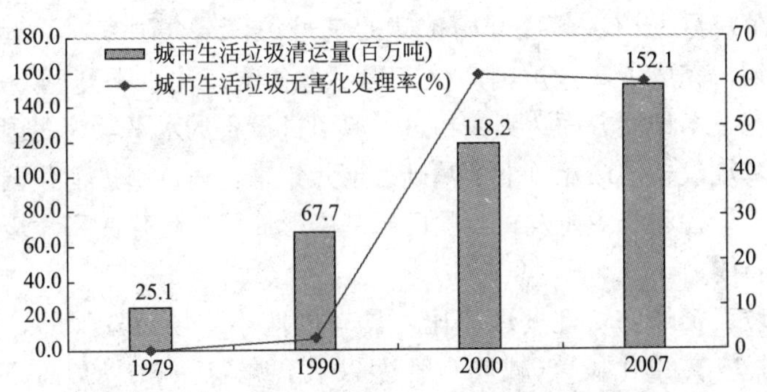

图1-2 1979～2007年我国城市垃圾清运量及处理率

卫生填埋处理技术全面进步，建设标准达到国际先进水平。在近十年建设的填埋场中，为提高填埋场的防渗水平，高密度聚乙烯膜作为防渗材料得到普遍应用。我国目前填埋场防渗的建设水平已经达到发达国家中较高要求的水准，如生活垃圾卫生填埋场基底防渗的基本要求接近德国标准，高于欧盟和美国的要求。为提高填埋作业效率，一些大型的填埋场采用了填埋压实机，填埋场压实机实现了国产化。

对填埋气体进行收集和处理，不仅减少了环境污染，同时也是对减少温室气体排放做出了有效贡献。利用填埋气体进行发电或制取汽车燃料技术都得到应用。从1998年10月，我国第一个填埋气体发电厂在杭州天子岭填埋场建成发电，到2008年底，我国建成并投入使用的填埋气体利用项目有30个，其中填埋气体发电厂有20多座，发电装机容量超过40MW。

垃圾渗滤液处理一直是我国填埋场建设和管理较薄弱环节之一，由于渗滤液水质、水量变化大，且污染物浓度高，垃圾渗滤液现场处理并达标排放要求有较复杂的处理工艺、较高的管理水平和较高的成本。北京、上海、广州、宁波等城市采用膜处理工艺对填埋场渗滤液进行深度处理，为我国填埋场渗滤液处理提供了有益的经验。

垃圾焚烧处理从无到有，快速发展，焚烧发电厂成套能力达到发达国家水平。深圳市于1985年从日本三菱重工业公司成套引进两台日处理能力为150t/d的垃圾焚烧炉，成为我国第一座现代化垃圾焚烧厂。1994年底开始扩建的三号炉，结合国家“八五”攻关计划，完成了3号炉国产化工程，设备国产化水平达到80%以上。在技术性能方面达到或超过了原引进设备的水平，为我国大型垃圾焚烧设备国产化打下了基础。近几年来，通过引进消化国外关键技术设备和自主研发，我国已经基本形成了现代化大型垃圾焚烧厂成套能力。

垃圾焚烧与填埋处理相比，具有占地小、场地选择易，处理时间短、减量化显著(减重一般达70%，减容一般达90%。)，无害化较彻底以及可回收垃圾焚烧余热等优点，在发达国家得到广泛应用。我国许多地区人口密度高，特别是东部沿海地区的许多城市，土地资源非常宝贵，焚烧处理会逐步发展成为这一地区生活垃圾处理的重要手段。目前，我国城市垃圾焚烧处理发展较快，2007年焚烧处理能力是2000年的15倍以上，达到4.5万吨/日(见图1-3)。

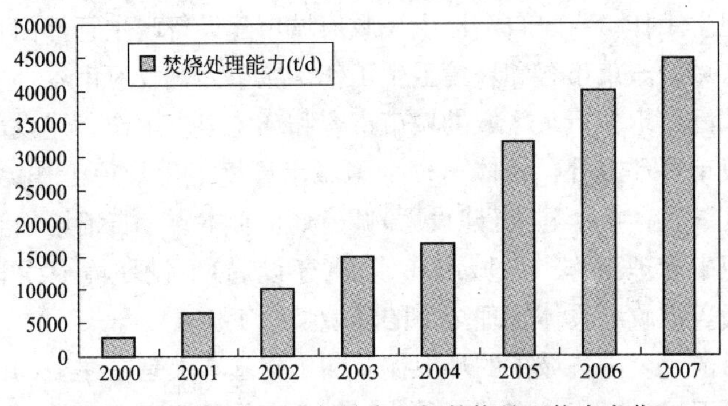

图 1-3 2000～2007 年城市垃圾焚烧处理能力变化

堆肥处理是我国城市垃圾处理使用最早也是在早期阶段使用最多的方式。堆肥处理主要采用低成本堆肥系统，大部分垃圾堆肥处理场采用敞开式静态堆肥。"七五"和"八五"期间，我国相继开展了机械化程度较高的动态高温堆肥研究和开发，并取得了积极成果。20 世纪 90 年代中期先后建成了动态堆肥场典型工程如常州市环境卫生综合厂和北京南宫堆肥厂。

有机垃圾厌氧消化处理是实现有机垃圾能源化和肥料化的新发展技术。目前在上海、北京、广州、营口等城市，利用可生物降解的有机垃圾进行厌氧消化处理工程项目还处于建设中。

1.3 管理体制与政策法规

1.3.1 环境卫生管理体制沿革

从 1979 年由卫生部归口城建部门管理以来，全国城市市容环境卫生行业发展很快，为改善人民生活环境质量、改善城市环境卫生状况、创建现代化文明城市做出了贡献。

为加强对市容环卫工作的领导和管理，国家在"八五"期间就加强了对市容环卫的立法工作，并对市容环卫的体制进行了规范。1992 年，国务院李鹏总理签发了 101 号令《城市市容和环境卫生管理条例》，这是我国历史上第一部由国务院颁发的市容环卫法规。

根据条例规定，国务院城市建设行政主管部门主管城市市容和环境卫生工作。省、自治区人民政府城市建设行政主管部门负责本行政区域的城市市容和环境卫生工作。城市人民政府市容环境卫生主管部门负责本行政区域的城市市容和环境卫生工作。建设部城建司下设市容环卫处，具体负责全国城市环境卫生管理工作。各省、自治区、直辖市、建委(建设厅)城建处负责本省、自治区、直辖市环境卫生管理工作。各城市在建委(建设局)下设环境卫生管理局(处)代表市政府具体管理全市的环境卫生工作。

目前，全国各城市的环卫体制和机构基本上是在建委(城建局)下设环卫局(处)，代表政府具体管理全市的环境卫生工作，形成了市、区、街道三级管理体制。但随着政府体制改革也呈现多种形式，典型的管理机构名称有：市政管理委员会或城市管理办公室如北京市；环卫局(如上海、太原、济南、广州、海口、成都等)，大多数城市设环环境卫生管理处。

1.3.2 生活垃圾处理市场化、产业化的宏观政策

2002年6月，国家计委(现为发改委)、财政部、建设部、国家环保总局联合下发《关于实行城市生活垃圾处理收费制度促进垃圾处理产业化的通知》(计价格［2002］872号)，强调全面推行生活垃圾处理收费制度，促进垃圾处理的良性循环。“通知”明确指出，所有产生生活垃圾的国家机关、企事业单位(包括交通运输工具)、个体经营者、社会团体、城市居民和城市暂住人口等，均应按规定缴纳生活垃圾处理费。“通知”强调，各地要充分发挥市场配置资源的基础作用，拓宽投融资渠道，改善投融资环境，鼓励国内外资金，包括私营企业资金投入垃圾处理设施的建设和运行，最终建立符合市场经济要求的垃圾处理运行机制，解决当前垃圾处理能力不足所造成的环境污染问题。

2002年8月，国家计委、建设部、国家环保总局再次联合下发《关于推进城市污水、垃圾处理产业化发展的意见》，要求建立城市污水、垃圾处理产业化新机制。“意见”明确指出，各地区要转变污水、垃圾处理设施只能由政府投资、国有单位负责运营管理的观念，解放思想，采取有利于加快建设、加快发展的措施，切实

推进城市污水、垃圾处理项目建设、运营的市场化改革。推进城市污水、垃圾处理产业化的方向是，改革价格机制和管理体制，鼓励各类所有制经济积极参与投资和经营，逐步建立与社会主义市场经济体制相适应的投融资及运营管理体制，实现投资主体多元化、运营主体企业化、运行管理市场化，形成开放式、竞争性的建设运营格局。同时，“意见”还就如何加强市场引导，政策扶持，加快城市污水、垃圾处理产业化进程提出了较为明确的政策框架。

2002 年 12 月，建设部下发了《关于加快市政公用行业市场化进程的意见》，强调开放市政公用行业投资建设、运营、作业市场，建立政府特许经营制度；《意见》鼓励社会资金、外国资本采取独资、合资、合作等多种形式，参与市政公用设施的建设，形成多元化的投资结构；并允许跨地区、跨行业参与市政公用企业经营，要求采取公开向社会招标的形式选择垃圾处理等市政公用企业的经营单位，由政府授权特许经营。同时，《意见》还就特许经营制度建立的相关问题提出了原则要求。《意见》指出，国家支持城市污水、垃圾处理工程的项目法人利用外资包括申请国外优惠贷款，并且要对中产业化项目给予适当补助。今后，凡是未按产业化要求进行建设和经营的污水、垃圾处理设施，国家将不再在政策、资金上给予扶持。

2004 年国家有关部门出台一系列政策规定，主要有：2004 年 3 月建设部发布《市政公用事业特许经营管理办法》（建设部令 126 号）；2004 年 9 月建设部发布《城市生活垃圾处理特许经营协议示范文本》（建城［2004］162 号）；2004 年 11 月国家环境保护总局令发布“环境污染治理设施运营资质许可管理办法”（总局令第 23 号）；2004 年 12 月建设部发布“关于加强城镇生活垃圾处理场站建设运营监管的意见”（建城［2004］225 号）；这些政策规定的出台，将进一步规范参与城市生活垃圾处理场(厂)建设与运营的市场主体。

1.4 技术标准

垃圾处理涉及面广，政策性和技术性强。需要加强管理力量，加快制定相关政策。目前，我国实行企业化管理的垃圾处理厂还很少，也缺乏相关政策。垃圾处理厂不同于一般的生产企业，必须制定详细的政策并严格监管，才能使企业既自觉保护环境，又推行集约化管理。虽然我国已制定和颁布了一系列城市生活垃圾管理的法规和标准，但是城市生活垃圾处理技术标准体系仍需完善，尤其是没有完备的垃圾处理技术标准体系，导致人们对垃圾处理成本、技术要求概念模糊，也就很难对垃圾处理进行监管。

从1973年中国公布第一个环境标准—《工业“三废”试行标准》以来，我国环境综合标准经历了1985年各行业制定排放标准和1991年以后环境标准的清理整顿两个阶段，目前环境综合标准体系已初步建立。

由于经济发展、居民生活水平的提高和城市化速度的加快，城市生活垃圾量剧增，垃圾成分也出现明显的变化，特别是生活垃圾中的有机成分明显增多，垃圾堆放或简单处理(用于农作物)对环境的污染也日趋严重。在这种情况下，为防止垃圾农用对土壤、农作物和水体的污染，1987年制定了《粪便无害化卫生标准》(GB 7959—1987)和《城镇垃圾农用控制标准》(GB 8172—1987)。这是生活垃圾处理的第一个技术标准。1988年当时的城乡建设环境保护部制定了《城市生活垃圾卫生填埋技术标准》(CJJ 17—1988)，这是我国规范城市生活垃圾卫生填埋场建设的第一个标准，该标准在2001年和2004年进行了两次修订。而垃圾焚烧的有关标准到2000年才颁布实施。

针对垃圾收集、运输和处理以及与环境卫生有的关标准有100多项(见表1-1)，还有多项标准正在制定中。

生活垃圾收运处理及有关标准 **表1-1**

序号	类别/标准号	标 准 名 称
清扫保洁(包括垃圾收运)		
1	CJJ 71—2000	机动车清洗站技术规程
2	CJJ/T 108—2006	城市道路除雪作业技术规程
3	CJ/T 16—1999	城市环境卫生专用设备　清扫、收集
4	CJ/T 17—1999	城市环境卫生专用设备　垃圾转运

续表

序号	类别/标准号	标 准 名 称
		清扫保洁(包括垃圾收运)
5	CJ/T 84—1999	垃圾车
6	CJ/T 3051—1995	锤式垃圾破碎机
7	CJ/T 5013.1—1995	垃圾分选机 垃圾滚筒筛
8	CJ/T 5025—1997	垃圾容器 五吨车用集装箱
9	CJ/T 5026—1998	铁质废物箱技术条件
10	ZBT 59002—1988	自装卸垃圾汽车通用技术条件
11	ZBT 59003—1988	自装卸垃圾汽车垃圾桶
12	QCT 29111—1993	扫路车技术条件
13	QCT 51—1993	扫路车性能试验方法
14	QCT 29112—1993	垃圾车技术条件
15	QC/T 52—2000	垃圾车
16	QC/T 29114—1993	洒水车技术条件
17	QC/T 54—2006	洒水车
18	CJ/T 127—2000	压缩式垃圾车
19	CJ/T 280 —2008	塑料垃圾桶通用技术条件
20	GJJ 109—2006	生活垃圾转运站运行维护技术规程
21	GJJ 47—2006	生活垃圾转运站技术规范
		垃 圾 处 理
1	CJJ/T 52—93	生活垃圾堆肥处理技术规范
2	CJJ 17—2004	城市生活垃圾卫生填埋技术标准
3	CJJ 90—2009	生活垃圾焚烧处理工程技术规范
4	建设部，国家计委，2001	城市生活垃圾焚烧处理工程项目建设标准
5	建设部，国家计委，001	生活垃圾填埋处理工程项目建设标准
6	建设部，国家计委，2001	生活垃圾堆肥处理工程项目建设标准
7	CJJ/T 86—2000	城市生活垃圾堆肥处理厂运行、维护及其安全技术规程
8	CJJ 93—2003	城市生活垃圾卫生填埋场运行维护技术规程
9	GB 8172—1987	城镇垃圾农用控制标准
10	CJ/T 3059—1996	城市生活垃圾堆肥处理厂技术评价指标
11	GB 16889—2008	生活垃圾填埋污染控制标准

续表

序号	类别/标准号	标准名称
垃圾处理		
12	GB/T 18772—2008	生活垃圾卫生填埋场环境监测技术要求
13	CJJ/T 107—2005	生活垃圾填埋场无害化评价标准
14	GB 18485—2001	生活垃圾焚烧污染控制标准
15	CJ/T 19—1999	城市环境卫生专用设备　垃圾堆肥
16	CJ/T 18—1999	城市环境卫生专用设备　垃圾卫生填埋
17	GB/T 17643—1998	土工合成材料　聚乙烯土工膜
18	SL/T 235—1999	土工合成材料测试规程
19	CJ/T 20—1999	城市环境卫生专用设备　垃圾焚烧、气化、热解
20	GB/T 18750—2008	生活垃圾焚烧炉及余热锅炉
21	CJ/T 234—2006	垃圾填埋场用高密度聚乙烯土工膜
22	JG/T 193—2006	钠基膨润土防水毯
23	CJ/T 227—2006	垃圾生化处理机
24	CJ/T 249—2007	城镇污水处理厂污泥处置　混合填埋泥质
25	CJJ 112—2007	生活垃圾卫生填埋场封场技术规程
26	GB/T 18772—2008	生活垃圾卫生填埋场环境监测技术要求
27	CJ/T 279—2008	生活垃圾渗滤液碟管式反渗透处理设备
28	CJ/T 276—2008	垃圾填埋场用线性低密度聚乙烯土工膜
29	CJ/T 301—2008	垃圾填埋场压实机技术要求
30	GB/T 17689—2008	土工合成材料　塑料土工格栅
31	RISN—TG005—2008	生活垃圾应急处置技术导则
32	CJ/T 291—2008	城镇污水处理厂污泥处置　土地改良用泥质
33	CJ/T 290—2008	城镇污水处理厂污泥处置　单独焚烧用泥质
34	CJ/T 289—2008	城镇污水处理厂污泥处置　制砖用泥质
35	GB/T 17639—2008	土工合成材料　长丝纺粘针刺非织造土工布
36	GB/T 17640—2008	土工合成材料　长丝机织土工布
37	HJ 77.4—2008	土壤和沉积物　二噁英类的测定　同位素稀释高分辨气相色谱-高分辨质谱法
38	HJ77.3—2008	固体废物　二噁英类的测定　同位素稀释高分辨气相色谱-高分辨质谱法

续表

序号	类别/标准号	标 准 名 称
		粪便处理、公共厕所
1	CJJ 14—2005	城市公共厕所设计标准
2	CJJ 64—95	城市粪便处理厂(场)设计规范
3	CJJ/T 30—99	城市粪便处理厂运行、维护及其安全技术规程
4	GB/T 17217—1998	城市公共厕所卫生标准
5	GB/T 18973—2003	旅游厕所质量等级划分与评定
6	GB 7959—1987	粪便无害化卫生标准
7	GB/T 18092—2008	免水冲卫生厕所
8	CJ/T 21—1999	城市环境卫生专用设备 粪便处理
9	CJ/T 88—1999	真空吸污车分类
10	CJ/T 89—1999	真空吸污车技术条件
11	CJ/T 90—1999	真空吸污车性能试验方法
12	CJ/T 91—1999	真空吸污车可靠性试验方法
13	QC/T 53—2006	吸粪车
14	RISN—TG004—2008	公共厕所设计导则
		其 他
1	CJJ/T 65—2004	市容环境卫生术语标准
2	CJ/T 3018.1—1993	生活垃圾渗沥水 术语
3	CJ/T 171—2002	城市环境卫生设施属性数据采集表及数据库结构
4	GB 15562.2—1995	环境保护图形标志 固体废物贮存(处置)场
5	CJ/T 96—1999	城市生活垃圾有机质的测定灼烧法
6	CJ/T 97—1999	城市生活垃圾总铬的测定二苯碳酰二肼比色法
7	CJ/T 98—1999	城市生活垃圾汞的测定冷原子吸收分光光度法
8	CJ/T 99—1999	城市生活垃圾 pH 的测定玻璃电极法
9	CJ/T 100—1999	城市生活垃圾镉的测定原子吸收分光光度法
10	CJ/T 101—1999	城市生活垃圾铅的测定原子吸收分光光度法
11	CJ/T 102—1999	城市生活垃圾砷的测定二乙基二硫代氨基甲酸银分光光度法
12	CJ/T 103—1999	城市生活垃圾全氮的测定 半微量开氏法
13	CJ/T 104—1999	城市生活垃圾全磷的测定 偏钼酸铵分光光度法
14	CJ/T 105—1999	城市生活垃圾全钾的测定 火焰光度法
15	CJ/T 3018.2—1993	生活垃圾渗沥水 色度的测定 稀释倍数法

续表

序号	类别/标准号	标　准　名　称
		其　他
16	CJ/T 3018.3—1993	生活垃圾渗沥水　总固体的测定
17	CJ/T 3018.4—1993	生活垃圾渗沥水　总溶解性固体与总悬浮性固体的测定
18	CJ/T 3018.5—1993	生活垃圾渗沥水　硫酸盐的测定　重量法
19	CJ/T 3018.6—1993	生活垃圾渗沥水　氨态氮的测定　蒸馏和滴定法
20	CJ/T 3018.7—1993	生活垃圾渗沥水　凯式氮的测定　硫酸汞催化消解法
21	CJ/T 3018.8—1993	生活垃圾渗沥水　氯化物的测定　硝酸银滴定法
22	CJ/T 3018.9—1993	生活垃圾渗沥水　总磷的测定　钒钼磷酸盐分光度法
23	CJ/T 3018.10—1993	生活垃圾渗沥水　pH值的测定　玻璃电极法
24	CJ/T 3018.11—1993	生活垃圾渗沥水　五日生化需氧量(BOD_5)的测定　稀释与培养法
25	CJ/T 3018.12—1993	生活垃圾渗沥水　化学需氧量(COD)的测定　重铬酸钾法
26	CJ/T 3018.13—1993	生活垃圾渗沥水　钾和钠的测量　火焰光度法
27	CJ/T 3018.14—1993	生活垃圾渗沥水　细菌总数的检测　平板菌落计数法
28	CJ/T 3018.15—1993	生活垃圾渗沥水　总大肠菌群的检测　多管发酵法
29	CJ/T 3039—1995	城市生活垃圾采样和物理分析方法
30	CJ/T 106—1999	城市生活垃圾产量计算及预测方法
31	CJ/T 3033—1996	城市垃圾产生源分类及垃圾排放标准
32	CJJ/T 102—2004	城市生活垃圾分类及其评价标准
33	CJJ 27—2005	城市环境卫生设施设置标准
34	GB 50337—2003	城市环境卫生设施规划规范
35	CJJ 25—1989	环卫工人技术等级标准
36	CJJ/T 126—2008	城市道路清扫保洁质量与评价标准
37	HLD 47—101—2008	城镇市容环境卫生劳动定额
38	CJJ/T 125—2008	环境卫生图形符号标准
39	GB 50445—2008	村庄整治技术规范
40	GB 50449—2008	城市容貌标准
41	GB 50442—2008	城市公共设施规划规范

2 村镇生活垃圾来源与分类

2.1 居民生活垃圾产量与影响因素分析

国内外统计生活垃圾产量的主要方法有以下几种：第一种方法，在各垃圾转运站或垃圾处理场配制地秤，通过对每辆入站(场)的垃圾车称重，统计出当日的垃圾产量。这种方法简便、省时、准确，便于使管理人员从宏观上全面了解城市垃圾产量的状况，被世界上许多国家普遍采用。第二种方法，根据垃圾车运输的车次和人为设定的单车载重量，采用统计报表的形式汇总计算垃圾产量。这是大部分城市现在实际使用的方法。但由于地区、季节和管理体制等诸多因素的影响，这种统计结果会出现30%以上的误差。第三种方法，采用统计学原理中的抽样调查方式对居民户、社会、单位垃圾进行垃圾产生量、成分的调查。抽样调查就是以样本指标值来推算总体指标数值的一种调查。第四种方法，根据日常消费品量计算生活垃圾产生量，这种方法在宏观上能够比较准确地分析由商品到废物的物流变化。

影响居民生活垃圾产量的因素有多种，如消费水平、生活习惯、家庭能源结构、道路硬化水平、气候季节等。总体上分析，当家庭能源由燃煤变为燃气时，生活垃圾中的灰渣含量将显著降低，人均生活垃圾的产生量也显著降低；家庭日常消费品采购由集市购物变为超市购物时，生活垃圾中包装物含量将显著增加，生活垃圾堆积密度显著降低。对于农村的居民，如果家庭饲养家畜，实际生活中的剩余饭菜将作为家畜饲料而被利用；如果家庭能源为柴草，同样柴草燃烧后的草木灰可以直接用于农田。

2.1.1 城市生活垃圾清运量统计

在1990～2005年期间，城市生活垃圾清运量年平均增长率为

5.7%(见表2-1、表2-2)，略高于城市人口平均增长率，略低于城市建成区面积增长率。由此可见，城市人口不断增加，城市范围的不断扩大是造成城市生活垃圾清运量增加的最主要因素。对于典型城市(如北京、天津、上海、广州、武汉和成都)也呈现同样规律(见表2-3、图2-1、图2-2)。由于各城市生活垃圾服务范围的人口缺乏统计，而我国统计的城市人口与生活垃圾收集服务人口往往不一致，此外，大多数城市生活垃圾还没有实现全部称重计量，因此，以统计的城市人口为计算基数，则人均生活垃圾产量有时会产生较大误差。以天津市和成都市为例，人均生活垃圾年产量(以清运量代替)约为280～350kg，相当于人均日产量为0.8～1.0kg。对于采用“车吨位”(按车的载重量乘以清运次数统计的生活垃圾清运量)的统计数据，生活垃圾清运量存在明显高估算现象，分析城市生活垃圾清运量数据，我国生活垃圾清运量统计数值有可能高估20%以上。

1990～2005年城市数量及城市生活垃圾产量　　表2-1

年　份	1990	1991	1992	1993	1994	1995	1996	1997
城市数量(座)	467	479	517	570	622	640	666	668
城市人口(百万人)	196.3	202.82	209.14	215.62	222.10	228.63	242.48	256.42
建成区面积(千平方千米)	12.86	14.01	14.96	16.59	17.94	19.26	20.21	20.79
垃圾清运量(百万吨)	67.7	76.4	82.6	87.9	99.5	106.7	108.3	109.8
垃圾无害化处理量(万吨)	212	1239	2829	3945	4782	6014	5568	6292
年　份	1998	1999	2000	2001	2002	2003	2004	2005
城市数量(座)	668	667	663	662	660	660	661	661
城市人口(百万人)	270.45	284.36	298.39	312.42	326.38	340.44	352.84	365.4
建成区面积(千平方千米)	21.38	21.52	22.44	24.03	25.97	28.31	30.41	32.5
垃圾清运量(百万吨)	113.0	114.2	118.2	134.7	136.5	146.0	152.0	156.0
垃圾无害化处理量(万吨)	6783	7232	7255	7840	7404	7254.67	7828	8107

注：城市人口是按城镇总人口65%的计算值(中国统计出版社，1990～2005年中国统计年鉴)

城市生活垃圾清运量增长状况　　表2-2

年　份	“八五”期间	“九五”期间	“十五”期间	1990～2005
城市人口年平均增长率	3.1%	5.5%	4.3	4.3%
建成区面积增长率	8.4%	3.1%	7.9%	6.3%
垃圾清运量年平均增长率	9.5%	2.1%	5.7%	5.7%

注：城市人口是按城镇总人口65%的计算值(中国统计出版社，1990～2005年中国统计年鉴)

1999～2005 年典型城市建成区面积及城市人口变化　　表 2-3

	城市人口(万人)	城市生活垃圾清运量(万吨)	单位城市人口年生活垃圾清运量(kg/年)	建成区面积(km^2)	单位建成区面积生活垃圾年清运量(kg/km^2)
	1999 年				
北京	682.43	449.5	659	488.28	921
天津	598.76	211.3	353	377.9	559
上海	1127.22	499.8	443	549.58	909
武汉	417.7	159.04	381	207.77	765
广州	401.85	168.79	420	284.6	593
成都	330.29	92.97	281	202.28	460
	2005 年				
北京	1538	454.6	296	1200	379
天津	640.5	144.8	226	530	273
上海	1778.4	622.3	350	819.9	759
武汉	445.4	291	653	220.22	1321
广州	617.3	329.5	534	735	448
成都	416.6	138.2	332	395.5	349

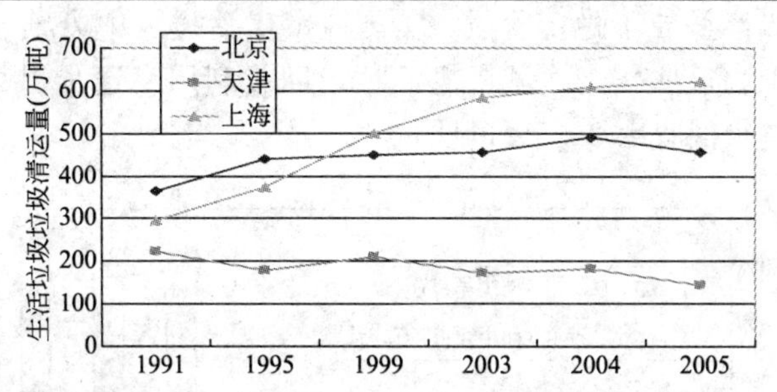

图 2-1　1991～2005 年北京、天津和上海三城市生活垃圾清运量

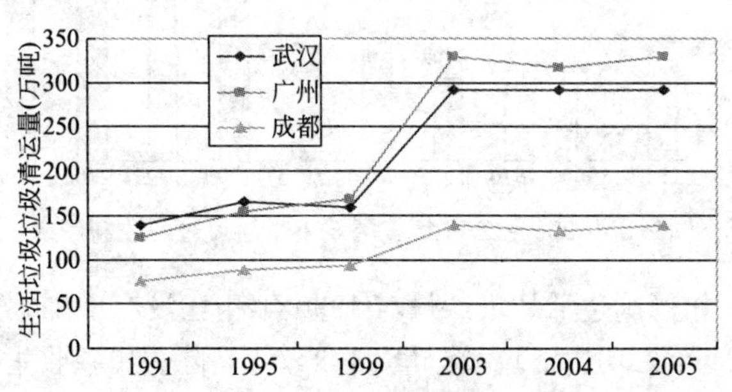

图 2-2　1991～2005 年武汉、广州和成都三城市生活垃圾清运量

2.1.2 废品回收

由于我国通常将城市垃圾中可回收的物品一般称为“废品”，而将其余俗称为垃圾，其中被称为垃圾的由城市环卫部门负责处理，而废品的收运和处理由其他部门负责。因此，目前，城市建设部门统计的城市垃圾清运量基本不能反映“废品”部分，城市垃圾中废品回收又没有健全完善的管理体系，因而，我国城市垃圾的回收利用水平难以得到全面的统计和反映。而国外特别是发达国家垃圾的内涵是严格意义上的废弃物，他们强调垃圾综合管理，首先强调回收利用，把提高垃圾回收利用率作为主要战略目标。例如，1989 年美国国家环保局(EPA)制定国家城市垃圾回收利用率的目标为 25%，1996 年实现这一目标后，又将垃圾回收率 35%确定为新目标。2006 年美国城市生活垃圾产量达到 2.28 亿吨，人均产量为 2.09kg/d；1990 年以前，人均生活垃圾产量处于增长阶段，从 1960 的 1.23kg/d 增加到 1990 年的 2.04kg/d；1990 年以后，人均生活垃圾产量处于稳定阶段。美国城市生活垃圾中废纸含量超过 30%以上，近些年来，城市生活垃圾回收利用率逐步提高，2006 年美国垃圾回收率 32.5%(见图 2-3)。

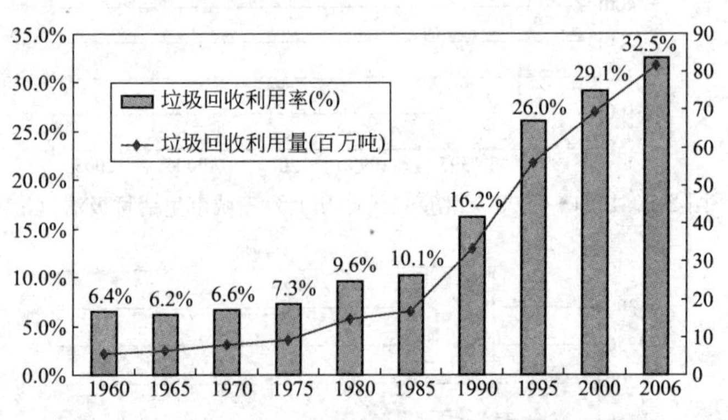

图 2-3 1960～2006 年美国城市生活垃圾回收利用率

2003 年德国生活垃圾产量与 1990 年相比没有增加，还下降约 2%；2001 年人均生活垃圾产量 440kg/年，除去单独收集的生活垃圾，分类后的剩余垃圾人均年产量为 200kg，折合为人均日产量不到0.6kg，2002年生活垃圾回收利用率达到56%，是1990年的4倍以上(见表2-4、表2-5)。

1990～2003年德国生活垃圾产量 **表2-4**

年份	生活垃圾产量(单位：百万吨，括号内为%)	回收利用量(单位：百万吨，括号内为%)	处理处置量(单位：百万吨，括号内为%)
1990	50.2(100)	6.8(13)	43.4(87)
1993	43.5(100)	13.0(30)	30.5(70)
1998	44.8(100)	18.2(40)	26.3(59)
2000	50.1(100)	25.6(51)	24.5(49)
2002	52.5(100)	29.6(56)	23.0(44)
2003	49.3(100)	—	—

注：这里生活垃圾产量包括类似家庭生活垃圾的商业垃圾等。

2001年德国人均居民生活垃圾产量及构成 **表2-5**

生活垃圾(kg/人·年)	232
1. 家庭垃圾(分类后的剩余垃圾)	200
2. 大件垃圾	32
分类单独收集的垃圾(kg/人·年)	208
1. 纸类	92
2. 绿色植物类有机垃圾	46
3. 玻璃	38
4. 轻质包装	23
5. 其他(电子垃圾、废金属)	10
总　计	440

日本的全国生活垃圾人均产量近30年来没有太大的变化，大致在1.1kg/人·日左右(见表2-6)。根据日本环境省2002年统计，规模大的城市生活垃圾人均产量较高［4］。例如，超过50万人的城市有23座，生活垃圾人均产量为1.3kg/人·日，而少于1万人口的1544个镇生活垃圾人均产量为0.82kg/人·日(见表2-7)。日本的生活垃圾热值近30年提高明显，1980年只有5902kJ/kg，1999年达到8860kJ/kg(见表2-20)。

1970～2002年日本城市生活垃圾量统计 表2-6

	1970年	1980年	1990年	1997年	2000年	2002年
总人口(亿人)	0.8469	1.174	1.235	1.261	1.267	1.273
城市生活垃圾产量(万吨)	2560	4394	5044	5120	5236	5161
人均城市生活垃圾产量(kg/人·日)	0.909	1.049	1.119	1.112	1.132	1.111

来源：日本环境省、JESC。

2002年日本城市生活垃圾人均产量 表2-7

人口规模(万人)	市镇数量(座)	居民生活垃圾量人均日产量(kg/人·日)	单位生活垃圾量人均日产量(kg/人·日)	生活垃圾量人均日产量(kg/人·日)
≥50	23	0.764	0.525	1.309
30～50	42	0.736	0.396	1.132
20～30	40	0.766	0.413	1.179
10～20	121	0.764	0.336	1.101
5～10	227	0.747	0.305	1.052
3～5	267	0.732	0.278	1.01
1～3	949	0.683	0.225	0.908
<1	1544	0.643	0.177	0.820
全国平均		0.743	0.368	1.111

来源：日本环境省。

我国大部分居民在家庭中对旧报纸、易拉罐等还是基本做到单独收集，然后卖给“回收工”(俗称“拣破烂”，他们大多来自农村，在城市居民区流动的或半固定的收集废旧物，然后再卖给废旧物资回收点)。在每个垃圾处理场或堆置场也有一定数量自发组织的垃圾“回收工”，这些人应当说是城市生活垃圾资源化的贡献者，同时也表明我国经济水平还比较落后，或者更确切地说有一部分地区经济发展水平比较落后，因为这部分人大都来自经济不发达地区，这种状况还会持续几十年(见图2-4)。

图 2-4　生活垃圾回收与分选

(*a*)美国一城市生活垃圾；(*b*)美国一城市生活垃圾(人工分选)；
(*c*)我国一城市生活垃圾；(*d*)我国一城市生活垃圾(拣废品一)；
(*e*)我国一城市生活垃圾(拣废品二)；(*f*)我国一城市生活垃圾(拣废品三)

2.1.3　燃气普及率与生活垃圾产生量

北京市 1997 年调查统计表明，住房类型和采暖方式对垃圾人均产量有显著影响。双气楼房组人均垃圾产生量的年平均值是

0.34kg/人·日，单气平房组人均垃圾产生量的年平均值是0.67kg/人·日，双气楼房组人均垃圾产生量比单气平房组减少了将近一倍(见表2-8、表2-9、图2-5)，这一结果与南方不采暖的上海市楼房居室垃圾产量1995年的调查数据0.32kg/人·日很接近；双气楼房组人均垃圾产生量受采暖季节影响较小，与单气平房组相比，其采暖季节的家庭垃圾人均产生量反而有所降低，这与北方在冬季水果等消费量较少有关；从家庭垃圾人均产生量月份变化曲线也可看出这一点(图2-6)，双气楼房垃圾人均产量除七月份外，全年垃圾产量都比较平稳，不受取暖季节的影响。七月份大量水果(特别是西瓜)上市是导致这一现象的主要因素。

住房类型和采暖方式对家庭人均垃圾产生量的影响　　表2-8

地　区	双气楼房组(kg/人·日)	单气平房组(kg/人·日)
非采暖期(4～11月)	0.38	0.40
采暖期(11～3月)	0.30	0.94
年平均值	0.34	0.67

北京市对双气楼房组人均垃圾产生量1994年和1997年统计数据对比可以看出，双气楼房组人均垃圾产生量近几年基本没有变化(见表2-9)。

双气区居室垃圾人均产量统计表(单位：kg/人·日)　　表2-9

年份＼月份	1	2	3	4	5	6	7	8	9	10	11	12	均值
1994	0.33	0.35	0.32	0.35	0.33	0.39	0.58	0.51	0.33	0.33	0.34	0.29	0.37
1997	0.28	0.29	0.28	0.29	0.30	0.40	0.53	0.39	0.37	0.33	0.33	0.34	0.34

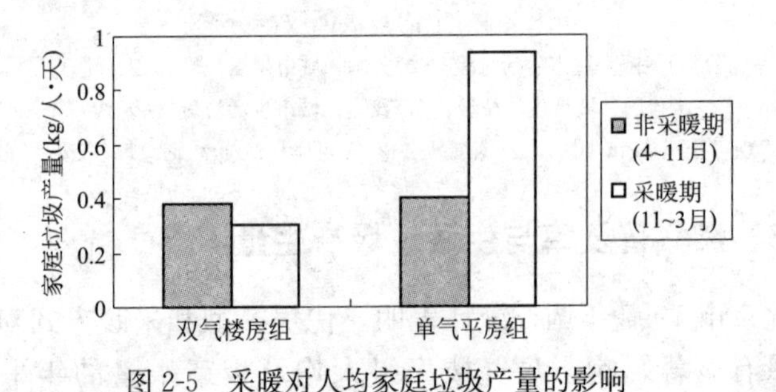

图2-5　采暖对人均家庭垃圾产量的影响

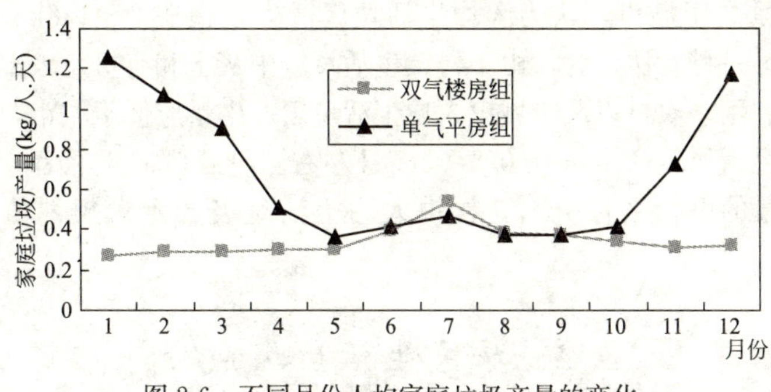

图 2-6 不同月份人均家庭垃圾产量的变化

2.1.4 县城生活垃圾产生量

我国县城生活垃圾处理还缺乏严格的统计，根据中国城市建设统计年鉴公布的数据(见表 2-10)，2007 年有县城 1635 座，其中 1617 座县城的统计结果表明，共有居住人口 1.26 亿，生活垃圾清运量达到 7110 万吨。分析统计数据，县城人均生活垃圾产生量(以清运量代替计算)2007 年达到 1.55(kg/人·日)，比 2006 年增加超过 7%，这些数据显著高于城市人均生活垃圾产生量，可能的原因是生活垃圾清运量数据是按照“车吨位”统计的，因此，数据存在高估的可能。

全国县城生活垃圾清运量及处理量统计 表 2-10

年　份	2006	2007
县城数量	1635	1635
统计数量	1586	1617
县城人口(百万人)	110	116
县城暂住人口(百万人)	9	10
县城建成区面积(km^2)	13300	14000
生活垃圾清运量(万吨)	6265.6	7109.8
县城人均生活垃圾产量(kg/人·日)	1.44	1.55

来源：中国城市建设统计年鉴 2006～2007 年。

对于农村以及小城镇生活垃圾产生量的估算，目前国内还存在争议。一种看法是由于灰土含量大，农村以及小城镇人均生活垃圾产生量高于城市，认为人均生活垃圾产生量在1.2～1.6kg/人·日；另一种看法认为，由于村镇生活垃圾中灰土和有机垃圾部分会就地利用，农村以及小城镇人均生活垃圾产生量应低于城市，认为人均生活垃圾产生量在0.5/人·日左右。笔者倾向于后者，从集中收集的可行系性分析，村镇人均生活垃圾产生量规划值不宜高估。

2.2 居民生活垃圾成分

垃圾组成具有明显的地域性、季节性特征，和当地的居民消费水平、经济发展程度、生活方式、能源结构、当地地理气候特点高度相关。生活垃圾的组分一般包括：厨房垃圾、塑料、纸类、灰土、金属、织物、草木等。具体而言，生活垃圾特性的主要因素有燃气普及率与集中供热普及率、季节差异、基础设施与消费水平等。

2.2.1 燃气普及率与集中供热普及率

燃气普及率低的地区垃圾成分中的煤灰、泥土等无机物含量较高，反之则较低(见表2-11)。对于北方城市，采暖季节集中供热普及率低的城市和地区，家庭采暖产生的大量煤灰全部进入生活垃圾，这也是造成生活垃圾中煤灰含量高的一个主要原因。

居民燃气化程度对城市生活垃圾成分影响　　表2-11

分　类	无　机　物	有　机　物
	煤灰、泥土等(%)	动植物类(%)
燃气户	5～15	85～95
半燃气户	40～60	40～60
燃煤户	75～90	10～25

2.2.2 季节差异

季节不同，居民生活消费方式和日常饮食种类也不同，因而生活垃圾成分也有所不同。对于我国北方地区，进入采暖季节，未实行集中供热的居住区生活垃圾中的煤灰含量就会明显增高。此外，由于生活垃圾收集的密闭化程度还不高，降水量高的季节生活垃圾的含水率也较高。以地处长江中下游的某市 1994～1996 年调查数据为例，在 7、8、9 月，一般降雨量较高，此外，这期间也是西瓜等水果大量上市季节。因而，在这一段时间，生活垃圾中的含水率较高，平均要高出 10%～15%以上(见图 2-7)。

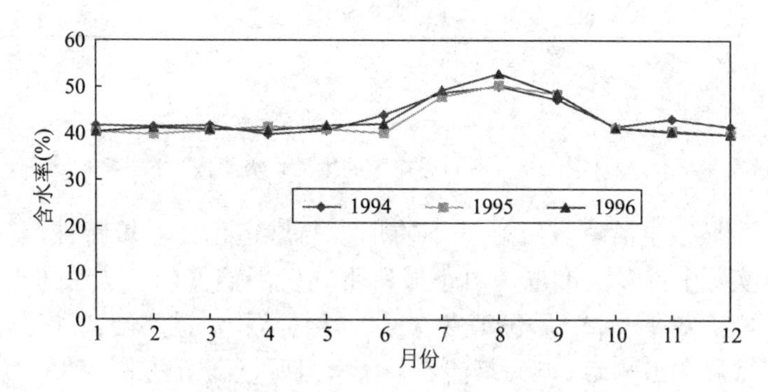

图 2-7 生活垃圾在不同月份的含水率变化统计(1994～1996 年)

2.2.3 基础设施与消费水平

对于同一城市，不同区域的生活垃圾成分也不尽相同。一般事业单位的生活垃圾可燃组分较高，厨余类有机垃圾较少，垃圾的热值较高；居住区的生活垃圾中厨余类有机垃圾较多，垃圾热值也相对较低。此外，不同居住区的生活垃圾成分也存在差异。一般新建的居住区由于燃气普及率、集中供热普及率较高(北方城市)和路面硬化程度较高，生活垃圾中的煤灰、渣土含量较低。例如，某市对一个新建小区和一处旧城区的生活垃圾成分调查表明(见图 2-8)，新建小区的燃气普及率达到 100%，生活垃圾的煤灰、渣土及砖石含量不到 5%；而旧城区的燃气普及率约为 60%，生活垃圾的煤灰、渣土含量砖石接近 43%。家庭生活垃圾的分类收集在我国还没有普遍推行，随着经济发展和垃圾处理水平的提高，家庭生活垃圾的分类收集会逐步根据垃圾分类处理的要求而实行。

目前还没有村镇居民生活垃圾的统计资料，但通过比较村镇居民日常消费，村镇生活垃圾特性和城市生活垃圾特性应该是相近

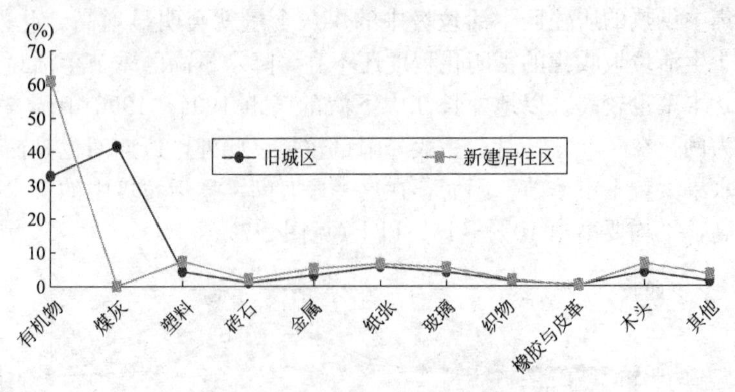

图 2-8　不同居住区的生活垃圾组成

的。小城镇生活垃圾特性从本质上说与城市生活垃圾特性是一致的，实际上许多城市也是由小城镇不同发展演变的；从总体上说，由于经济发展水平、居民消费水平、燃料结构、道路硬化和绿化状况的差异，小城镇生活垃圾渣石灰土含量明显高于城市，塑料包装、废纸等可燃物含量明显低于城市。例如，对重庆市下辖的部分县城生活垃圾调查表明，灰土、砖瓦和陶瓷类无机物高的达到 60％以上，低的也达到 35％(见表 2-12)；对福建省德化县、政和县县城生活垃圾调查表明，灰土、砖瓦和陶瓷类无机物高达 40％～50％(见表 2-13、表 2-14)。

重庆市部分县城的生活垃圾成分　　　　**表 2-12**

城镇类别	可回收物(％)						有机物(％)		无机物(％)	其他(％)
	纸类	塑料橡胶	织物	玻璃	金属	木竹	植物	动物	灰土、砖瓦和陶瓷	
重庆巫山县	4.20	6.70	1.10	0.60	0.30	—	22.70		63.72	0.68
重庆巴东县	4.84	10.46	4.10	3.32	0.5	—	40.54		35.25	1.0
重庆云阳县	3.4	7.2	0.3	1.15	0.1	—	39.5		48.15	—
重庆忠县	3.5	5.1	0.4	0.7	0.3	—	35		69.9	1.0
重庆开县	1.3	1.57	0.78	0.38	0.32	—	30.62		65.13	—
重庆长寿县	7.8	7.7	2.1	1.1	—	—	34.4		45.9	—
重庆秭归县	2.1	7.3	0.6	4.0	0.2	1.5	21.01		59.24	—

来源：席北斗　刘鸿亮　三峡库区垃圾污染现状及综合治理技术，第二届城市固体废弃物管理与处理技术国际研讨会，北京，2003。

福建省德化县生活垃圾成分 表 2-13

分类	无机物		有机物		废品类					
	煤灰泥土	陶瓷砖瓦	厨余植物	动物残渣	塑料橡胶	纸张	金属	玻璃	竹木	其他
含量(%)	28	12.0	40		4.5	3.0	0.5	2.0	5.0	5.0
小计(%)	40		40		20					

来源：福建德化县环境卫生管理处，2000 年。

福建省政和县生活垃圾成分 表 2-14

分类	无机物		有机物		废品类						其他
	煤灰泥土	陶瓷砖瓦	厨余植物	动物残渣	塑料橡胶	纸张 —	织物 —	金属 —	玻璃 —	竹木 —	— —
含量(%)	46.61		31.1		18.41						3.88

来源：福建政和县县环境卫生管理处，2002 年。

对于经济发达地区的城镇，例如广东、浙江、江苏等经济发达地区，其城市化水平已经很高，这些地区城镇生活垃圾与大城市生活垃圾特性基本一致，与一些经济相对不发达的城市生活垃圾相比，生活垃圾中渣石灰土含量还要低。例如，从浙江省玉环县的生活垃圾成分看(见表 2-15)，生活垃圾中渣石灰土含量已经不到 10%，生活垃圾的主要成分为厨余类有机垃圾，其次是塑料包装、废纸等可燃物，生活垃圾的低位热值已达 7000kJ/kg，比许多城市的生活垃圾热值都要高。

浙江省玉环县生活垃圾成分 表 2-15

分类	厨余类	塑料	木竹	玻璃	纸类	织物	渣土类	金属	其他	低位热值(kJ/kg)
含量(%)	59.77	16.61	4.22	3.10	6.14	6.70	2.88	0.31	0.50	7106

来源：浙江玉环县城市建设局，2003。

2.2.4 生活垃圾成分的变化

分析生活垃圾特性需要和产生这些垃圾消费品联系起来分析。例如，我国城市生活垃圾中厨余类垃圾成分占有较高比例，许多城市新建区(燃气区)生活垃圾有机物含量高达 60%以上，而对于许多燃煤居住区，以煤灰为主的无机物含量也高达 60%以上(见表 2-16)。

厨余类垃圾的产生与我们的食品消费行为有着密切的关系，根据统计，我国城市居民食品消费中包括粮食、猪牛羊肉、水产品、食油和家禽2002年的统计数据为249.2kg，与日本1990年的消费水平相当。根据中国统计年鉴，1995年城镇人均鲜菜消费量为116.5kg，鲜瓜果消费量为45kg，2006年城镇人均鲜菜消费量为117.6kg，鲜瓜果消费量为60kg。这些数据表明我国城镇鲜菜及鲜瓜果消费量要明显高于发达国家消费水平，这是我国城市生活垃圾中厨余类垃圾明显偏高的主要原因。产生这种现象的原因可能有以下两个方面，一方面，我国城市生活垃圾收集系统不完善，使得相当一部分汤水等高含水垃圾进入城市生活垃圾；另一方面，我们净菜入户不够，瓜果皮量比较大。

2000年部分城市垃圾组成成分的调查 表2-16

项目	数据 城市 区分	南宁	上海	重庆	太原	沈阳	哈尔滨
燃气区	有机成分	46.01	80.3	69.91	83.22	86.94	63.92
	无机成分	45.76	7.54	19.91	4.12	9.34	20.22
	废品类	8.23	12.16	10.18	12.66	3.72	15.86
燃煤区	有机成分	17.02	31.96	16.8	10.86	37.97	30.86
	无机成分	78.6	60.7	79.54	86.38	60.79	66.02
	废品类	4.38	7.34	3.66	2.76	1.06	3.15

例如，根据武汉市环境卫生专项规划(2006年9月)提供数据(见表2-17)，武汉市生活垃圾近10年相比，生活垃圾中厨馀类垃圾所占比例明显增加，灰土类明显减少，堆积容重也明显减少，塑料、纸张成倍增加(见图2-9)。

1994～2004年武汉市生活垃圾成分 表2-17

年份	厨渣(%)	纸张(%)	果皮(%)	塑料(%)	毛骨(%)	橡胶皮革(%)	纺纤(%)	木质杂草(%)	煤灰(%)	玻璃(%)	金属(%)	陶瓷砖石(%)	容重(g/l)
1994	24.64	4.34	7.63	3.91	3.17	0.63	1.6	1.59	44.85	2.55	0.71	4.37	421
1995	30.34	4.69	11.89	5.63	4.01	0.56	1.23	2.59	31.98	2.48	0.79	3.82	448

续表

年份	厨渣(%)	纸张(%)	果皮(%)	塑料(%)	毛骨(%)	橡胶皮革(%)	纺纤(%)	木质杂草(%)	煤灰(%)	玻璃(%)	金属(%)	陶瓷砖石(%)	容重(g/l)
1996	34.31	6.52	14.78	8.31	2.95	0.59	1.37	1.6	21.42	3.27	0.91	3.99	459
1997	47.52	7.35	11.36	8.23	4.7	0.4	1.3	0.93	13.15	3.06	0.85	1.14	390
1998	44.28	6.27	24.01	8.09	2.5	0.8	1.41	1.98	6.35	2.15	0.71	1.45	368
1999	41.15	5.06	13.74	8.7	2.55	0.81	1.15	0.91	18.5	3.02	1.22	3.18	328
2000	31.01	7.12	14.99	10.52	2.65	1.34	1.42	1.26	23.25	2.72	0.94	2.76	352
2001	34.44	6.42	13.4	10.95	2.38	1.12	1.61	1.45	22.86	2.94	0.74	1.67	399
2002	33.51	8.53	13.61	14.57	3.06	1.41	2.54	1.42	15.32	2.73	1.01	2.31	322
2003	31.7	8.82	14.04	16.45	2.12	1.5	2.03	1.82	13.76	3.1	1.47	3.19	301
2004	36.26	7.64	10.84	15.48	3.1	1.63	3.08	2.29	12.2	2.8	1.11	3.59	257

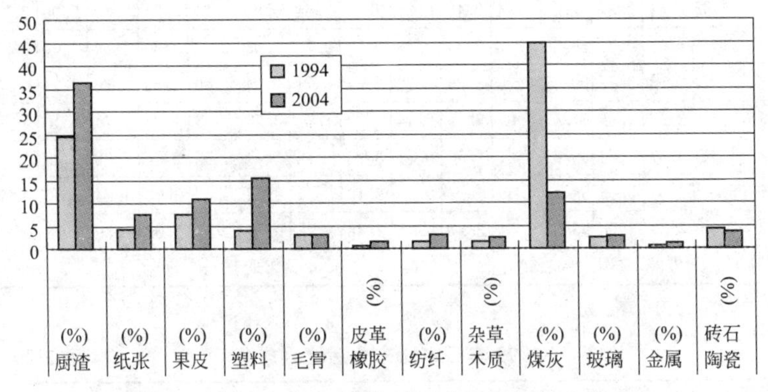

图 2-9 1994 年与 2004 年武汉市生活垃圾成分对比

从表 2-17 的武汉市生活垃圾成分可以看出，它与 2005 年北京市生活垃圾成分(见表 2-18)和 2004 年厦门市生活垃圾成分(见表 2-19)比较接近。生活垃圾成分抽样检测需要日常化和制度化，需要定时、分区域抽样检测才能得到比较准确的数据。比较日本生活垃圾成分统计(见表 2-20)和美国生活垃圾成分统计(见表 2-21)，国内在厨馀类垃圾未实行单独收集的情况下，生活垃圾成分中厨馀类垃圾将保持较高比例，包装垃圾随着生活水平的提高；而逐步增加，随着城市道路硬化和绿化条件的改善和燃气率的提高，生活垃圾中灰土含量将保持比较低水平。

2005 年北京市生活垃圾理化特性(单位:%)　　表 2-18

地区	纸张	塑料	织物	玻璃	金属	厨余	草木	灰土	含水率
城八区	9.75	11.76	1.69	1.70	0.33	63.80	1.26	9.71	60.13
农村地区	4.11	6.03	1.28	0.65	0.1	40.27	2.62	44.94	39.38

注：表中将砖瓦、其他类并入灰土类。

2004 年厦门市区生活垃圾成分(3～4 月，单位:%)　　表 2-19

次数	无机垃圾			可生物降解有机垃圾		其他									容重(kg/l)
	灰沙	砖石	贝壳	食品类	植物	骨壳	金属	玻璃	塑料	橡胶	纸类	织物	木竹	其他	
1	13.70	1.74	2.05	52.29	5.40	1.62	0.56	1.95	12.89	0.05	3.17	0.36	0.74	2.25	0.30
2	6.21	2.71	3.91	57.50	5.15	3.75	0.51	1.93	10.37	0.59	1.81	0.90	1.33	1.61	0.30
3	10.82	2.41	2.39	52.15	5.84	3.45	0.65	1.43	7.68	0.83	2.64	3.54	1.31	2.00	0.30
4	2.87	2.03	2.83	56.39	8.37	2.34	0.38	3.05	9.75	0.05	2.61	2.89	1.60	3.04	0.30
5	6.76	0.53	3.73	60.23	6.70	3.96	0.28	2.35	6.71	0.04	1.80	1.83	0.80	3.21	0.27
6	7.79	2.97	3.92	57.47	5.05	2.39	0.44	2.72	7.75	0.58	2.43	1.98	1.74	4.10	0.27
7	4.47	3.77	3.76	55.85	3.21	2.90	0.54	3.23	11.39	—	2.65	2.64	2.38	2.15	0.29
8	5.81	2.54	3.65	55.21	5.59	3.33	0.26	2.40	8.01	2.42	2.62	2.02	1.24	3.90	0.28
平均	7.30	2.34	3.28	55.89	5.71	2.97	0.45	2.38	9.32	0.57	2.47	2.02	1.39	2.78	0.29
合计	12.92			64.56		22.51									

来源：厦门市环卫处。

1999 年日本城市生活垃圾成分　　表 2-20

	纸、布类	塑料类合成物	木、竹类	厨余类	不可燃无机物	其他
1980 年物理组分(干基%)	44.1	15.4	5.1	21.7	8.3	5.4
1990 年物理组分(干基%)	48.2	18.9	5.4	16.3	6.1	5.1
1999 年物理组分(干基%)	56.7	23.5	6.1	7.7	2.3	3.7

	1980 年	1990 年	1999 年
可燃组分	33.9%	38.8%	44.3%
水分	56.7%	53.0%	49.2%
灰分	9.4%	8.2%	6.5%
低位热值(kJ/kg)	5902	7284	8860

1960～2006 年美国生活垃圾成分统计值(单位:%)　　表 2-21

年份	纸类	塑料	木	纺织品	橡胶与皮革	金属	玻璃	其他废品材料	厨房食物残渣	庭院垃圾	其他无机物
1960	30.2	0.5	3.7	2.1	1.8	13.1	8.0	0.1	14.8	24.2	1.6
1970	33.2	2.6	3.3	1.8	2.4	11.8	11.1	0.4	11.3	20.5	1.6
1980	31.7	5.0	5.1	1.7	3.0	10.4	10.5	1.5	9.5	20.1	1.6
1990	30.5	9.7	7.0	3.0	3.2	7.3	6.1	1.5	12.1	17.9	1.7
2000	30.4	14.1	7.1	4.9	3.5	7.1	6.0	1.9	15.6	7.2	2.1
2003	26.3	15.4	7.5	5.5	3.5	7.3	6.2	2.0	16.4	7.6	2.2
2006	24.3	16.2	7.4	5.9	3.3	7.2	6.1	2.0	18	7.3	2.2

2.3 居民生活垃圾的基本性质

生活垃圾的基本性质是选择处理处置工艺、制定管理对策的重要前提，垃圾的基本性质主要包组成、容重、含水率、热值、热灼减量、灰分、元素组成等。

垃圾容重是确定垃圾容器的大小及数量、运输车辆的容积、中转站及处理设施的规模、处置场的库容等的重要参数。含水率、成分、热值、热灼减量、灰分等主要用来确定处理工艺参数。

2.3.1 容重

容重是指垃圾在自然状态下单位体积的重量，通常又称为自然容重，一般用 kg/m^3 表示。容重因成分或压实程度的不同其数据波动性较大。各种类型垃圾容重的范围和典型值见表 2-22。

生活垃圾以及不同垃圾成分的典型容积密度　　表 2-22

成　分	密度(kg/m^3)	成　分	密度(kg/m^3)
混合生活垃圾		通过机械手段回收后的成分(松散)	
松散状态	150～700	垃圾衍生燃料(RDF)	481～641
从压缩车内倒出后	250～700	铝屑	224～257
在压缩车内	297～750	黑色金属屑	369～417
在填埋场	475～1200	碎玻璃	1042～1363

续表

成　分	密度(kg/m³)	成　分	密度(kg/m³)
回收物/松散状态		回收物/密实状态	
瓦楞纸	16～32	打包铝罐	193～289
铝罐	32～48	打包黑色金属罐	1042～1491
塑料容器	32～48	打包瓦楞纸	353～513
混合纸	48～64	打包报纸	369～529
园林垃圾	64～80	打包高级纸	321～465
报纸	80～112	打包 PET	209～305
橡胶	209～258	打包 HDPE	273～385
玻璃瓶	193～305	—	
食品垃圾	353～401	—	—
马口铁罐	64～80	—	—

容重的测定通常采用“多次称重平均法”。即用一定容积的容器，在一定期限内定期抽样称重，最后将所有各次称重的结果相加，除以称重的次数和容器的容积，即可得出垃圾的平均容重，计算公式为：

$$C=\frac{\sum_{i-1}^{n}\alpha_i}{n\cdot V}$$

式中：C——垃圾容重，(kg/m³)；

α_i——每次称重所得的垃圾重量，(kg)；

n——称重次数；

V——容器容积，(m³)。

2.3.2　含水率

含水率是单位体积垃圾中所含水分重量与垃圾总重量之比。一般将生活垃圾放置在烘干箱内，控制温度 105±5℃，烘干一定时间(如 2h)至恒重，取出冷却至室温，称其重量，此时试样所失去的水分为垃圾的全水分，全水分减去外在水分即为内在水分。垃圾含水率可用以下计算式表示：

$$W(\%)=\frac{P_0-P_1}{P_0}\times 100\%$$

式中：W——垃圾含水率(%)；

P_0——垃圾湿重(kg)；

P_1——垃圾干重(kg)。

垃圾含水率随季节变化较大，平均含水率在30%～60%之间，厨房垃圾的含水率最高，可达70%以上。

2.3.3 热值

垃圾的热值与含水率及有机物含量、成分等关系密切，通常可燃物含量越高，热值越高，含水率越高，则热值越低。

热值，又称为发热量，指单位重量(或体积)的燃料完全燃烧所放出的热量，热值又分为高位热值和低位热值。高位热值是垃圾单位干重的发热量，用 H_0 表示(高位热值，指燃料燃烧后所放出的总热量，包括所生成水汽的冷凝热)；低位热值是单位新鲜垃圾燃烧时的发热量，又称有效发热量，用 H_u 表示(低位热值，从总热量中减去冷凝热即为低位热值)。

高位热值测量与计算：

用氧弹量热计测量。原理：将垃圾放入充满压力氧的氧弹中燃烧，垃圾燃烧释放的热量被氧弹外的水吸收，通过测定水温的升高，便可以计算出垃圾的氧弹热值。

由各垃圾组分的热值计算得：

$$H_o=\frac{1}{100}\sum_{i=1}^{n}\eta_i\cdot H_{oi}\quad (\text{kcal/kg 或 kJ/kg})$$

式中：η_i——垃圾中各组分的重量百分比(%)；

H_{oi}——垃圾中各组分的高位热值(可以由手册查出)，(kcal/kg 或 kJ/kg)。

低位热值的计算方法除根据高位热值推算外，通常可根据元素分析结果获得，其中最著名的公式是Dulong(杜隆)公式：

$$H_u=81C+342.5\left(H-\frac{O}{8}\right)+22.5S-5.85(9H+W)\quad (\text{kcal/kg})$$

式中：C、H、O、S、W——分别为碳元素、氢元素、氧元素、硫元素以及水的质量百分比。

2.3.4 热灼减量

热灼减量通常作为检测垃圾焚烧后灰渣特性的指标，测定方法是将样品放在实验炉内，保持温度 600±25℃下 3h 后，经灼热减少的质量占加热前质量的百分比，即为试样的热灼减量。

2.3.5 灰分

将烘干 105±5℃的生活垃圾放在 800±10℃的马弗炉内灼烧 2h，冷却后再在 105±5℃下干燥 2h，冷却后称重，此时残留物质占原试样的重量百分比，即为灰分值。

3 生活垃圾处理模式选择

3.1 生活垃圾污染控制

3.1.1 农村生活垃圾的特征

农村生活垃圾具有分布广、分散、总量大、种类复杂等特点，并受多种因素的影响。自然环境、气候条件、产业结构、生产规模、农民生活习性、家用燃料以及经济发展水平等都将对其有不同程度的影响。

农村垃圾污染环境的主要方式有：土地污染，生活垃圾堆放不仅占用土地，同时土壤造成污染；水污染，堆放的农村垃圾腐败形成渗滤液给地表水和地下水都带来污染；空气污染，垃圾腐败产生恶臭污染以及露天焚烧都会带来空气污染。此外，由于垃圾引起的环境卫生问题如病菌、病毒的传播等也给居民健康带来威胁。

农村生活垃圾的污染主要表现为塑料包装物以及其他现代消费品产生的生活垃圾造成的污染。对于还进行种植或养殖的农民，有机垃圾基本可以自行消化(如家禽可以消化剩余食品类垃圾，泥土以及植物类垃圾还可以还田)；对于不再从事种植或养殖的居民(主要居住在城镇的居民)，和城市一样，生活垃圾中不仅有现代消费品产生的生活垃圾如包装类垃圾，生活垃圾中厨馀类有机物也占有较大比例。此外，农村生活垃圾(包括小城镇)集中堆放后，为了减少占地，通常不定期采用露天焚烧，以便减少垃圾堆放体积，生活垃圾露天焚烧易产生含有大量有毒有害成分的烟气(见图 3-1)。

3.1.2 生活垃圾处理污染控制标准

我国现行的生活垃圾处理设施建设标准，主要针对城市生活垃

图 3-1 生活垃圾污染特征

(*a*)垃圾土地污染；(*b*)垃圾土地污染；(*c*)垃圾露天焚烧；(*d*)垃圾露天焚烧

圾，一般处理规模较大。

1. 填埋处理

我国目前填埋场防渗的建设水平已经达到发达国家中较高要求的水准(见表 3-1)，如生活垃圾卫生填埋场基底防渗的基本要求接近德国标准，高于欧盟和美国的要求。随着生活垃圾防渗标准的提高，相应的投资也显著提高，按照目前的标准要求，防渗系统的每平方米造价近 200 元。

生活垃圾卫生填埋场基底防渗的基本要求比较 **表 3-1**

人工防渗基本要求	美国环境部对生活垃圾填埋场防渗的基本要求(40CFR 258)	欧盟对非有毒有害生活垃圾填埋场防渗的基本要求(Landfill Directive 1999/31/EC)	德国生活垃圾填埋场防渗的基本要求(TASI，1993)	生活垃圾卫生填埋场防渗系统工程技术规范 CJJ 113—2007
渗滤液导流层要求	$K>1\times10^{-4}$ m/s 厚度为 0.3m	厚度为 0.5m	厚度≥0.3m，$K\geq1\times10^{-3}$m/s	厚度为 0.3m，$K\geq1\times10^{-3}$m/s

续表

人工防渗基本要求	美国环境部对生活垃圾填埋场防渗的基本要求（40CFR 258）	欧盟对非有毒有害生活垃圾填埋场防渗的基本要求（Landfill Directive 1999/31/EC）	德国生活垃圾填埋场防渗的基本要求（TASI，1993）	生活垃圾卫生填埋场防渗系统工程技术规范 CJJ 113—2007
塑料膜防渗层	不小于 0.75mm 塑料膜，一般推荐使用厚度为 1.5mmHDPE 膜	没有具体要求，但防渗能力要达到厚度为 100cm（$K\leqslant 1\times10^{-9}$m/s）	厚度≥2.5mm，HDPE 膜	厚度≥1.5mm，HDPE 膜
压实黏土防渗层	$K\leqslant 1\times10^{-9}$ m/s 厚度为 60cm	采用塑料膜防渗，压实黏土厚度大于 50cm	$K\leqslant 5\times10^{-10}$ m/s，厚度为 3×25cm	$K\leqslant 1\times10^{-9}$ m/s，厚度为 75cm

目前，填埋场圾渗滤液处理是我国填埋场建设和管理较薄弱环节之一，由于渗滤液水质水量变化大，且污染物浓度高，垃圾渗滤液现场处理并达标排放要求较复杂处理工艺、较高的管理水平和较高成本。

2008 年新修订的《生活垃圾填埋污染控制标准》（GB 16889—2008）对填埋场渗滤液处理提出了更高的要求（见表 3-2）。要达到该标准，就需要采用膜处理技术，采用膜处理技术工艺，一方面处理成本超过 20 元/t；此外，膜处理往往会产生大量的浓缩液需要进一步处理，目前为了节省成本，大多将浓缩液直接回灌填埋场，由此造成膜处理出水率进一步降低。

生活垃圾填埋场水污染物排放浓度限值 **表 3-2**

适用区域			一般地区	环境敏感地区
排放浓度限值	1	色度（稀释倍数）	40	30
	2	化学需氧量（COD_{Cr}）（mg/L）	100	60
	3	生化需氧量（BOD_5）（mg/L）	30	20
	4	悬浮物（mg/L）	30	30
	5	总氮（mg/L）	40	20
	6	氨氮（mg/L）	25	8
	7	总磷（mg/L）	3	1.5
	8	粪大肠菌群数（个/L）	10000	1000

续表

适用区域			一般地区	环境敏感地区
排放浓度限值	9	总汞(mg/L)	0.001	
	10	总镉(mg/L)	0.01	
	11	总铬(mg/L)	0.1	
	12	六价铬(mg/L)	0.05	
	13	总砷(mg/L)	0.1	
	14	总铅(mg/L)	0.1	

注：1. 生活垃圾填埋场应设置污水处理装置，垃圾渗滤液(含蓄水池废水)等污水经处理并符合本标准规定的污染物排放控制要求后，可直接或通过城市污水处理厂排放。
2. 环境敏感地区以外区域的现有和新建生活垃圾填埋场，自本标准实施之日起，执行表中规定的一般地区水污染物排放浓度限值。
3. 2011年1月1日前，无法满足表3-2规定的一般地区水污染物排放浓度限值要求的现有生活垃圾填埋场，在不超过污水处理能力、不影响污水处理效果和总汞、总镉、总铬、六价铬、总砷、总铅等污染物浓度达到表3-2规定浓度限值的情况下，可将垃圾渗滤液送往城市二级污水处理厂进行处理；2011年1月1日起，现有生活垃圾填埋场外排污水，执行表中规定的一般地区水污染物排放浓度限值。
4. 城市二级污水处理厂每日处理垃圾渗滤液总量不得超过污水处理量的0.5%。

本标准9.1.1条规定“生活垃圾填埋场应设置污水处理装置，垃圾渗滤液(含蓄水池废水)等污水经处理并符合本标准规定的污染物排放控制要求后，可直接排放”。这一条规定过于严格，目前国内还没有一座生活垃圾填埋场能够达到这样要求，最好的也只是部分达到要求。

2. 焚烧处理

我国城市《生活垃圾焚烧污染控制标准》(GB 18485—2001)主要指标相当于发达国家20世纪90年代的排放水平，明显严于现行火电厂和锅炉厂的排放要求(见表3-3、表3-4)。因此，只要严格执行国家相关标准，生活垃圾焚烧烟气污染排放是十分有限的。

《生活垃圾焚烧污染控制标准》(GB 18485—2001)主要控制指标　表3-3

1	烟尘(mg/Nm^3)	80
2	林格曼黑度	1级
3	一氧化碳(CO)	150
4	氮氧化物(NO_x)	400
5	二氧化硫(SO_2)	260

续表

6	氯化氢(HCl)	75
7	汞(Hg)及其化合物	0.2
8	镉(Cd)及其化合物	0.1
9	铅(Pb)及其化合物	1.6
10	二噁英(PCDD+PCDF) (ng/Nm^3)	1.0

注：烟气参比状态为0℃，1个大气压，11% O_2，酸性气体为小时平均值。

生活垃圾焚烧污染控制标准部分指标比较　　表 3-4

	烟尘(mg/m^3)	CO(mg/m^3)	SO_2(mg/m^3)	NO_x(mg/m^3)
《生活垃圾焚烧污染控制标准》(GB 18485—2001)	80	150	400	260
《火电厂大气污染物排放标准》[1](GB 13223—2003)	50	—	400	450 (V_{daf})20%
	200(热值<12550kJ/kg)	—	800(热值<12550kJ/kg)	
《锅炉厂大气污染物排放标准》[1,2](GB 13271—2001)	80 一类区) 200(二类区	—	900	—

注：1. 全部选取新建项目执行标准；
　　2. 其他燃煤锅炉。

3. 堆肥处理

堆肥堆制是指在控制条件下，通过细菌、真菌、蠕虫和其他生物体使有机物质腐烂的过程，在这个过程中需要耗氧。堆肥是已经部分腐烂分解的有机物质，而完全分解的有机物质称为腐殖质。

《城镇垃圾农用控制标准》(GB 8172—87)对堆肥的卫生指标、重金属含量、有机质和养分含量给出具体规定(见表 3-5)。此外，对于上表 3-5 中 1-9 项全部合格者方能施用于农田；在 10～15 项中，如有一项不合格，其他五项合格者，可适当放宽。但不合格项目的数值，不得低于我国垃圾的平均数值。即有机质不少于 8%，总氮不少于 0.4%，总磷不少于 0.2%，总钾不少于 0.8%，pH 值最高不超过 9，最低不低于 6，水分含量最高不超过 40%。施用符合本标准的垃圾，每年每亩农田用量，黏性土壤不超过 4T，砂性土壤不超过 3T，提倡在花卉、草地、园林和新菜地、黏土地上施用。大于 1MM 粒径的渣砾土壤、老菜地、水田不宜施用。对于 3-5 表中 1～9 项都接近本标准的垃圾，施用时其用量应减半。

城镇垃圾农用控制标准值 表3-5

编号	项目	标准限值[1]
1	杂物[2],%	≤3
2	粒度，mm	≤12
3	蛔虫卵死亡率,%	95～100
4	大肠菌值	10^{-1}～10^{-2}
5	总镉(以Cd计)，mg/kg	≤3
6	总汞(以Hg计)，mg/kg	≤5
7	总铅(以Pb计)，mg/kg	≤100
8	总铬(以Cr计)，mg/kg	≤300
9	总砷(以As计)，mg/kg	≤30
10	有机质(以C计),%	≥10
11	总氮(以N计),%	≥0.5
12	总磷(以P_2O_5计),%	≥0.3
13	总钾(以K_2O计),%	≥1.0
14	pH	6.5～8.5
15	水分,%	25～35

注：1. 表中除2、3、4项外，其余各项均以干基计算；
2. 杂物指塑料、玻璃、金属、橡胶等。

我国城市生活垃圾目前仍以混合收集为主，堆肥分选效率有限，产品质量和市场都受到限制，堆肥厂的建设规模不可能很大。一些垃圾堆肥处理工程项目不能正常运行受到媒体曝光。例如，2004年6月24日中央电视台焦点访谈节目“亿元工程的尴尬”报道了安徽合肥投资上亿元国债扶持的垃圾处理项目，最终成了打水漂的工程；中央电视台经济半小时7月17日播出了山西运城700万国债建垃圾处理厂不能运行节目；2003年07月19日中央电视台经济半小时报道了四川省1998年使用首批国债资金兴建的11家垃圾处理厂中共有8家垃圾处理厂目前都没能正常运行。这些垃圾处理厂基本上以堆肥处理为主要工艺。

我国的城市垃圾堆肥处理正在经历停滞甚至萎缩的历程。从2001～2007年堆肥处理能力的变化(见图3-2)可以看出，堆肥处理能力不仅没有增加，反而有所下降。由于我国垃圾堆肥基本为混合的城市生活垃圾堆肥，理论上通过预分选处理可以将厨馀类有机物分选出来进行堆肥处理，但实际上此举一方面增加运行成本，另一方面堆肥产品的质量也难以得到保证，此外，单纯的厨馀类有机物由于水分高，需要添加骨料才适宜进行堆肥处理。

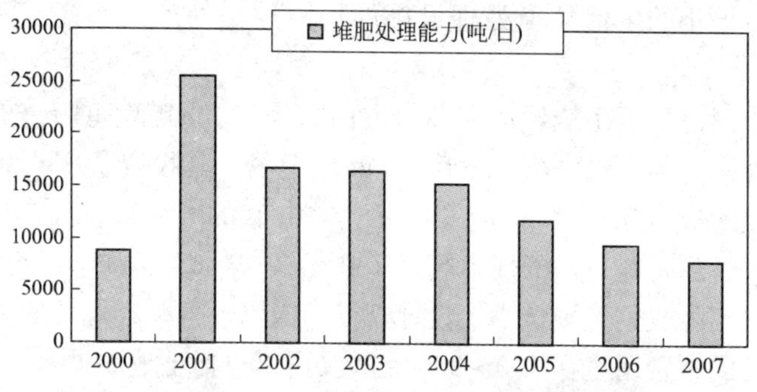

图 3-2 2000～2007 年城市垃圾堆肥处理能力变化

由于堆肥处理实际上只能处理可生物降解的有机物部分，混合生活垃圾中还有大量筛上物需要进一步处理。如采用卫生填埋处理或焚烧处理。这些不能堆肥处理剩余物如果不能进行妥善地处理，实际上仍然是垃圾，同样会对环境造成污染，一些混合生活垃圾的预处理往往就是“一堆垃圾”变“两堆垃圾”的过程(见图 3-3)。

图 3-3 混合生活垃圾堆肥处理场

(*a*)混合垃圾堆肥进料；(*b*)混合垃圾堆肥筛上物；(*c*)混合垃圾堆肥处理场

3.1.3 生活垃圾处理设施规模的确定

规模小的生活垃圾处理设施的局限性是处理成本高、污染控制难。

小规模的卫生填埋场在环保方面和经济方面都不具有合理性。以三峡库区为例：一座 120 吨/日的填埋场，其投资费用折算到每吨垃圾的成本就超过 50 元/吨。而 10 吨/日的填埋场项目，其投资费用折算到每吨垃圾的成本超过 100 元/吨；如果再加上运行费用，并考虑实际收集垃圾量小于设计规模的因素，这些小规模的卫生填埋场总成本费用将在 100～200 元/吨(还不包括土地成本)，高于一般城市生活垃圾处理成本 2 倍以上。小规模的垃圾卫生填埋场产生的主要污染物垃圾渗滤液很难得到正常处理，往往直接排到污水处理厂，一方面可能对小规模污水处理厂产生显著影响(这些小的污水处理厂短时间难以达到设计负荷)或者通过小规模城市污水处理厂稀释而最终排向河流。小规模的垃圾卫生填埋场削减污染负荷非常有限，而且还要占有土地和造成填埋部分的土地污染。

同样，100 吨/日以下小规模垃圾焚烧总成本费用需要 100 元/吨，运行费用需要 50 元/吨以上。

在严格按照《生活垃圾填埋场污染控制标准》(GB 16889—2008)要求的情况下，对于小于 100 吨/日规模的填埋场，有可能出现这样的情况，填埋处理的总成本大于焚烧处理的总成本。

3.2 集中处理与设施规划

生活垃圾需要集中处理，集中程度与运输费用支出能力又构成约束。生活垃圾处理的集中程度与处理标准有密切关系，理论上处理标准要求越高，则集中运输的距离也相应越高。目前，发达国家，生活垃圾处理设施大多实现了城乡一体化共享，生活垃圾处理集中度很高，有的国家或地区农村或小城镇的集中运输距离达到 80～100km 以上。例如，在奥地利 Lirchdorf 小镇，以及 Kirchdorf 小镇，他们的剩余生活垃圾要运送到 100km 以外的较大城市 LINZ

的焚烧厂进行焚烧处理；在瑞士以及德国部分地区，为收集分散的农村或小城镇生活垃圾，采用火车进行转运。

按照我国现有的生活垃圾处理工程建设标准投资和运行水平，生活垃圾收集处理的集中程度应该在50km以上，但由于运输费用往往由地方城镇负担，许多地方认为将生活垃圾运输到20km，运输费用难以承担。此外，由于各乡镇的经济发展水平可能存在较大差异，若干乡镇共建生活垃圾处理设施的体制性障碍也非常突出。

小城镇数量多、分布广、人口少、垃圾产量少，经济发展水平总体上不高。如果按照现行城市生活垃圾处理工程项目建设标准和规范建设小城镇垃圾处理设施，存在投资大、运行成本高、可操作性差的问题，严重制约村镇生活垃圾的处理。为此必须对现行建设标准作适当调整，制定专项适用性新标准，以利于加快村镇生活垃圾的处理处置。

现行城市生活垃圾处理工程项目建设标准是针对城市而言，参照了发达国家类似项目的建设标准制定，要求相对较高，附属设施齐全。如：焚烧项目，焚烧和烟气处理要求设施齐全，自动化水平较高，烟气排放标准比部分工业及城市锅炉房排放标准高；堆肥项目，以堆肥产品的利用为目的，要求产品质量符合国家农用肥标准，处理设施相应齐全且自动化水平较高；卫生填埋场，防渗要求高，达到甚至超过发达国家标准。我国大多数村镇垃圾产量少、经济水平不高，如按现行建设标准建设，村镇垃圾处理项目投资大、运行成本高，无法实现规模效益，不具备可操作性。因此，针对村镇以上特点，适当降低现行标准，制定专门适用的建设标准是非常必要的。

要使县域内垃圾处理设施实现合理配置，资源共享，就需要确定区域内垃圾处理规划的主导权。发达国家小城镇垃圾管理的发展历程可总结为：从单一管理到综合管理，从地方分散管理到国家相对集中管理。在直到20世纪70年代，欧洲许多国家小城镇生活垃圾处理仍或多或少的是当地政府的责任，小城镇大都有自己的填埋场。例如：德国直到1969年尚没有一个关于卫生填埋处理的实用技术规范，垃圾填埋基本处于无序状态，据估计约有50000个无控制的垃圾堆填场。1969年由德国卫生部发布了第一个针对垃圾填埋的一般性规定，1972年颁布了德国第一个垃圾处理法，随后的几年垃圾处理法规不断的完善提高。为减少垃圾填埋场污染物的产生，垃圾填埋场的填埋物有机物含量会逐步降低。德国规定在2005年以后，有机物含量大于3%或5%不能进入一级或二级填埋场。填埋处理技术标准的提高和填埋处理费用的增加直接伴随着大量的垃圾堆放场关停，垃圾填埋场数量也在不断下降。至1993年德国约有生活垃圾填埋场560座，到1995年德国剩下约474座生活垃圾填埋场，2001年下降到371座。为促进垃圾处理设施合理布局，德国一般要求地区(Landkreis)一级才有权编制垃圾处理规划，地区与地区之间还可以进一步合作，以便最大限度实现垃圾处理设施规模化运营。

考虑到我国社会主义新农村建设以及城乡一体化垃圾处理发展趋势，生活垃圾填埋场建设需求还很大，如果平均每个县至少一个填埋场，还需要建设1600多座填埋场，如果平均每个县建设两个填埋场，就需要建设3000多座填埋场。

根据对德国和美国的填埋场数量统计分析(见表3-6)，目前，美国生活垃圾填埋场平均每1000km^{2}拥有填埋场数量0.18座，平均每10万人拥有填埋场数量0.56座；德国生活垃圾填埋场平均每1000km^{2}拥有填埋场数量0.85座，平均每10万人拥有填埋场数量0.4座。由于我国的人口分布特点以及经济发展水平与发达国家还有很大差异，生活垃圾填埋处理的集中程度暂时还不可能达到那么高，但从我们土地资源水平和生活垃圾卫生填埋场的建设标准要求分析，我国生活垃圾填埋处理的集中程度应与发达国家生活垃圾填埋场分布密度类似。

单位面积和单位人口填埋场数量统计 **表3-6**

年份	1988	2005
美国生活垃圾填埋场数量(座)	7924	1654
每1000km^{2}国土面积拥有填埋场数量(座)	0.87	0.18
每10万人拥有填埋场数量(座)	2.7	0.56

续表

年 份	1993	2004
德国生活垃圾填埋场数量(座)	560	297
每 1000km^2 国土面积拥有填埋场数量(座)	1.60	0.85
每 10 万人拥有填埋场数量(座)	0.7	0.4

国内外生活垃圾收集发展过程是从不完全收运到完全收运再到分类收运；生活垃圾处理的发展过程是从分散堆放到卫生填埋、从填埋减量再到控制填埋物。目前，我国很多村镇还没有建立完善的生活垃圾收集系统，建立这一系统是改善村镇环境卫生的基本条件。生活垃圾的收运是垃圾处理系统中的第一个环节，也是十分重要的一环，其耗资最大，操作过程也较为复杂。据统计一般垃圾收运费用至少占整个处理系统总费用的 60%～80%。

对于我国大多数村镇，根据现阶段经济发展水平，首先要建立低成本垃圾收运处理系统。把能够回收的废品收集起来，把相当部分的有机垃圾就地处理(堆肥处理或厌氧消化)，只是把不能回收、不宜堆肥处理垃圾(这一部分量不会太大)收集起来或进行机械生物处理，将可燃物加工为燃料，进行能源利用，对于剩余部分集中运到低成本的填埋场进行处理。

3.3 资源化利用与分类收集

村镇地区往往基础设施条件薄弱，如道路硬化水平低，家庭用燃气普及率低等，生活垃圾中的渣土类无机垃圾含量高，如果不进行分类收集，而将这些垃圾集中长距离运输，显然是不经济的，也是不必要的；同样，对于可腐烂的有机垃圾进行长距离集中，同样是不经济的，也不利于有机垃圾资源化利用。

在我国城市的环境卫生管理中，推行生活垃圾分类收集并不顺利，至今还处于摸索阶段，对于在村镇中推行生活垃圾分类收集，很多人存在疑虑。特别是有些人认为，城市生活垃圾分类收集都很难推行，在村镇就更难。但实际情况又如何呢?

2004 年由英国国际援助行动中国办公室和美国洛克菲勒兄弟

资金会提供资金和技术支持，在广西横县实施生活垃圾分类收集处理。项目重点将生活垃圾可生物降解的有机物进行单独分类收集并进行堆肥处理，煤灰以及塑料等包装物也单独收集。2005 年，横县县城已有 50％居民户、100％的学校和酒家饭店进行了生活垃圾分类，并配套建成了生活垃圾堆肥厂(见图 3-4)。

(*a*) (*b*) (*c*) (*d*)

图 3-4 广西横县生活垃圾分类收集

(*a*)街头分类收集；(*b*)蜂窝煤煤渣单独收集；

(*c*)分类收集桶、筐、袋；(*d*)分类收集后的有机物堆肥处理

2006 年由建设部环境卫生工程技术研究中心和海南省建设厅在海南省儋州市蓝洋镇农场开展生活垃圾分类收集和处理试点。分类收集的具体方案如下表 3-7。分类收集后的有机垃圾进行简单的条形堆肥处理，而包装类垃圾等则进行简易填埋处理(见图 3-5)。目前这一试点已经取得初步成效。

海南蓝洋镇农场生活垃圾分类收集 表 3-7

	主要包括	不包括	投放用具
包装类垃圾	各类包装物等	可以包括其他干的垃圾	垃圾桶/塑料袋
可生物降解的有机垃圾	饭菜剩余物、水果和蔬菜剩余物、蛋壳、咖啡和茶的残渣，以及草、土等	非动植物类垃圾	垃圾桶/塑料袋

图 3-5 海南省儋州市蓝洋镇生活垃圾分类收集与处理

(*a*)宣传垃圾分类(2007 年 02 月)；(*b*)发放垃圾桶(2007 年 02 月)；(*c*)分类收集后垃圾运输；(*d*)分类收集后的有机物条形堆肥和其余垃圾简易填埋

从现有的实践看，村镇生活垃圾推行分类收集具有更强的操作性。首先大多数村镇人口密度小，流动性小，大家作息时间基本相同，彼此熟悉，沟通和交流多，只要政府组织引导得当，完全可以搞好分类收集。此外，村镇附近有足够的农田、林地等接受并需要有机垃圾堆肥。正如中国革命从农村包围城市，生活垃圾分类收集也将从村镇率先突破。当然，生活垃圾分类收集是一项烦琐的、长期的、也需要一定投入的持续工程，目前现有的投资体制还不利于生活垃圾分类的开展，很多地方热衷于申请动辄几千万元垃圾处理场工程，对于只需要几百万甚至几十万元就可以开展的生活垃圾分类活动却缺少资金渠道、因而也就缺乏兴趣，甚至有畏难情绪。

4 垃圾收集与运输

生活垃圾的收集与运输是改善农村环境卫生的基本要求，也是实现生活垃圾处理的前提。收集和运输的费用约占生活垃圾从产生到最终处置全过程总费用的60％～80％。

生活垃圾收运的主要目标包括以下几方面：

1）保持环境清洁；

2）采用居民可以接受的方式来组织收集工作；

3）当垃圾中某一部分(30％～50％)适合回收利用时，需要单独进行收集；

4）可以回收利用的部分应尽量保持清洁；

5）应避免工业垃圾或有毒有害垃圾混入生活垃圾中；

6）收集方式应尽可能实现高效和经济；

7）对于散发异味的垃圾要密闭化收集；

8）运输工具的噪声和排放物应控制在尽可能低的范围内。

4.1 垃圾收集方式

4.1.1 收集方式分类

生活垃圾收集方式按照收集时间分为定时收集和随时收集；按照垃圾分类要求又分为分类收集和混合收集。

1）定时收集。为了降低生活垃圾收集成本，对垃圾进行定时定点的收集。目前发达国家生活垃圾大多采用这种方式。例如，在欧洲的许多城市采用每周收集两次生活垃圾，针对不同垃圾种类，制定不同的收集时间，如日本名古屋市垃圾收集时间安排(见表4-1)。

我国的废品收集体系有定时定点收集的基本特征，居民可以选择的在一定时间一定地点出售自己的废品。

日本名古屋市垃圾收集时间安排(2008年) 表4-1

非资源性垃圾的种类	对象	使用指定袋	扔置场所
可燃垃圾(每周收集2次)	• 厨房垃圾 • 草、小树枝 • 纸尿布 • 纸巾	装入家庭用可燃垃圾袋	在收集日的早8点前、扔置到指定场所(住在中区者早7点前扔置)
不燃垃圾(每周收集1次)	边长在30cm以下的垃圾如下 • 玻璃碎片、陶瓷器碎片 • 橡胶制品 • 小型金属制品等,不适合燃烧的垃圾	装入家庭用不燃垃圾袋	在收集日的早8点前、扔置到指定场所(住在中区者早7点前扔置)
喷雾罐类,与不燃垃圾在同一天回收(每周收集1次)	• 盒式煤气罐 • 喷雾罐	装入资源用指定袋(不要和不燃垃圾放到一起)	在收集日的早8点前、和不燃垃圾区分扔置到指定场所(住在中区者早7点前扔置)
大型垃圾(收费、申请制每月1次)在收集日一周前申请	• 家电、家具等边长在30cm以上的大型垃圾(空调、显像管电视机、电冰箱、电冷箱、电动洗衣机除外)	在申请时会通知您收集日、扔置场所、手续费等	有必要通过电话申请、收集需收费。请由懂日语者打电话给大型垃圾受理中心(0120-758-530从县外、手机拨052-950-2581)受理时间为、星期一～星期五的上午9点到下午5点(除去星期六·星期日、年终年始)

2)随时收集。我国城市生活垃圾收集体系以及很多发展中国家都采取这种体制(见图4-1),这种方式的优点是方便了居民,居民可以随时投放垃圾,而城市环境卫生管理部门实行“日产日清”的收集制度,确保居住区的环境卫生。这种方式也有明显的局限性,例如垃圾投放点的卫生状况难以保持,垃圾分类难以推行等。

(*a*)

(*b*)

图4-1 垃圾收集点(一)

(*a*)宣传垃圾分类(2007年02月);(*b*)垃圾间收集

(*c*)

(*d*)

图 4-1 垃圾收集点(二)

(*c*)垃圾桶收集；(*d*)垃圾桶收集

3）分类收集。现代生活垃圾的构成是复杂而多样的，分类收集的目的是将其中清洁的可回收的部分进行单独收集，以便生活垃圾进行回收和处理。例如，德国的家庭生活垃圾大多实行分类收集，也是世界上实行分类收集比较好的国家之一，分类收集方式各地略有不同，主要分类收集类别见表 4-2。每一类垃圾不仅要告诉人们包括什么，同时还要说明不包括什么，当你放置垃圾时，你不能确定它属于哪一类，你就可以放置在其余垃圾桶中。其他发达国家也是如此，例如，在美国纽约，将垃圾分为三类，废纸(绿色袋)，金属-玻璃-塑料(蓝色袋)，其他垃圾或剩余垃圾(黑色袋)。

德国家庭生活垃圾分类 表 4-2

项目	主要包括	不包括	垃圾桶位置	备注
废纸	报纸杂志、产品广告及手册、书写用纸、纸板	弄脏的纸、带有塑料和铝膜的纸如一些软包装、照片纸、透明纸等	家庭 废物收集点 公共场所	—
玻璃	酒瓶、果酱瓶类罐头瓶类、饮料、饮用瓶类等	窗用玻璃、镜子用玻璃、瓷器、灯泡等	废物收集点	分为三个垃圾桶分别是白色，棕色和绿色
包装类垃圾	带有绿点标志的包装物	属于废纸和玻璃类的废弃物	家庭 废物收集点 公共场所	在公共场所如火车站只分为纸、塑料和其余垃圾三类
可生物降解的有机垃圾	饭菜剩余物、水果和蔬菜剩余物、蛋壳、咖啡和茶的残渣、来自花园的垃圾、花草落叶	吸尘器袋、狗或猫巢用草、清扫垃圾、可降解塑料等	家庭 废物收集点	—

续表

项　目	主要包括	不包括	垃圾桶位置	备　注
有毒有害垃圾（有问题垃圾）	含有有毒有害成分的垃圾如颜料、油漆类、溶剂类如松节油、胶水、粘合剂、清洁剂、厕所清洁剂、去污剂、水银温度计、荧光灯管等	—	废物收集点 产品销售点	此外废弃的药品，电池，油及油脂等也可送到产品出售点；旧服装可送到旧服装收集点
大件垃圾	较大体积的垃圾如家具、家用电器等	—	电话预约	—
绿色植物垃圾	主要为体积较大的树木草类垃圾	—	电话预约或自己运送到处理场	—
其余垃圾	为不属于上述分类的垃圾	—	家庭 废物收集点 公共场所	—

国外生活垃圾分类收集见图 4-2。

(*a*)　(*b*)　(*c*)　(*d*)

图 4-2　国外生活垃圾分类收集

(*a*)垃圾分类收集点(新加坡)；(*b*)垃圾分类收集点(日本)；

(*c*)垃圾分类收集点(德国)；(*d*)垃圾分类收集点(意大利)

4）混合收集。混合收集实际上是对其余（又称其他垃圾的）收集。由于分类收集涉及每一个居民，而且当物品变成垃圾时所处的状态千差万别，因此，分类收集特别是用于直接回收的分类收集只能是相对的和有限的，不管采用什么样的分类，“剩余垃圾”这一类都是不可缺少的。

其他（其余）生活垃圾收集，见图 4-3。

图 4-3 其他（其余）生活垃圾收集

(*a*)其余垃圾收集（意大利米兰）；(*b*)其余垃圾收集（香港）；
(*c*)街边垃圾桶（香港）；(*d*)街边垃圾桶（意大利米兰）

4.1.2 收集设施

1. 垃圾管道收集方式

生活垃圾由居民从设置在每层楼内的垃圾倾倒口投入垃圾管道

内，垃圾依靠自重下落到垃圾管道底部，由工人装上垃圾收集车，送往垃圾处置场或垃圾中转站。

垃圾管道曾经是我国广泛采用的高层及多层住宅垃圾收集设施。清运垃圾时，清洁工人将垃圾出口闸门打开后，垃圾直接进入垃圾收集车内。在这种垃圾收集过程中，轻质物和灰尘四处飘扬，由于没有垃圾渗滤液收集导排系统，垃圾道出口附近污水聚集，天热时臭气扩散，容易成为蚊蝇孳生地和虫鼠的藏身地。

图 4-4 垃圾管道收集方式

由于垃圾收集过程中的二次污染严重，近年来，新建的住宅楼大都取消了垃圾管道，采用其他方式收集垃圾。

2. 固定式垃圾箱收集方式

固定式垃圾箱收集方式是一种以固定式水泥垃圾箱和箱内垃圾定时收集为基本特征的非密闭化垃圾收集方式。如图 4-5 所示，生活垃圾袋装后由居民送入水泥垃圾箱，在制定的时间内由垃圾车将箱内垃圾清运送往垃圾处理场或垃圾中转站。

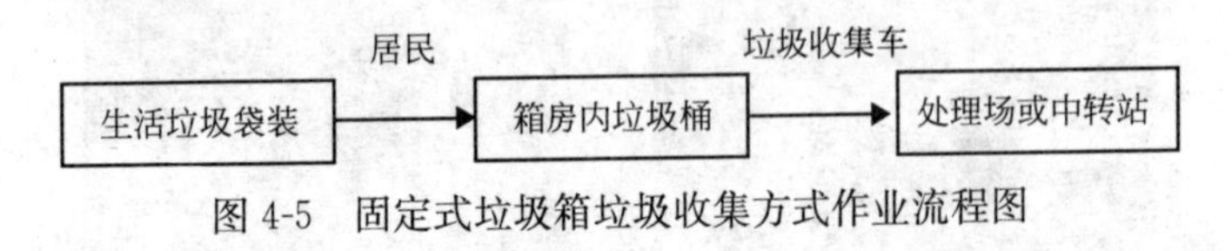

图 4-5 固定式垃圾箱垃圾收集方式作业流程图

早期建成的水泥垃圾箱常是无顶的简易垃圾箱，刮风时，塑料、废纸等轻质物四处飘散，下雨时垃圾受到雨水浸泡，渗滤液四溢；简易垃圾箱的管理困难，影响四周环境卫生，雨季时，垃圾含水率过高，给垃圾的运输处理带来困难。

近年来，许多城市将固定垃圾箱加上顶棚，改造成封闭式水泥垃圾箱，解决了垃圾受水浸泡的问题，但给垃圾清运人员作业带来了困难。目前，固定式水泥垃圾箱的收集方式正逐渐被淘汰。

3. 垃圾箱房收集方式

垃圾箱房收集方式是一种非密闭化垃圾收集方式。如图 4-6 所示，生活垃圾袋装化后由居民送入放置于住宅楼下或进出道路两侧的垃圾箱房的垃圾桶内，垃圾桶有圆形的或方形的，底部有轮子。用垃圾收集车来收集桶内的垃圾，然后运往垃圾处理场或垃圾中转站。

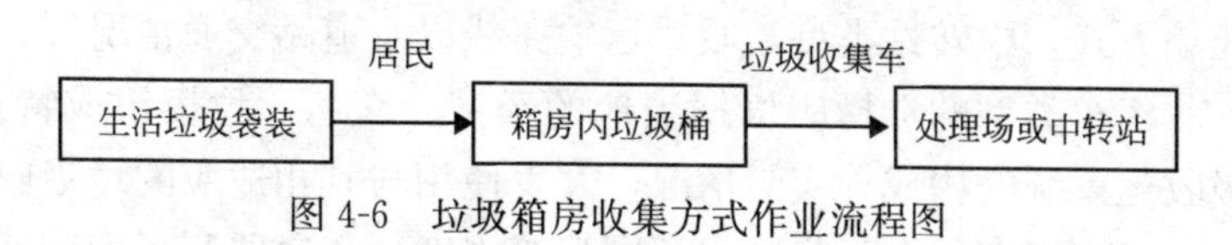

图 4-6 垃圾箱房收集方式作业流程图

许多地区采用这种方式。由于垃圾一般会散掉在室内垃圾桶外，时间稍长就会滋生蚊蝇，产生臭气。

4. 小型压缩式生活垃圾收集站

最近几年，在一些大城市的部分居住小区或商业网点建造了一些小型压缩式垃圾收集站。在压缩式收集站内安装有压缩机，将居民处收集来的垃圾由压缩机装到集装箱内，再由车厢可卸式垃圾车将集装箱直接拉走。它的最大优点就是能提高集装箱内的装载量，并能减少垃圾收集点的数目。

图 4-7 所示为小型压缩式垃圾收集站收集方式的作业流程。

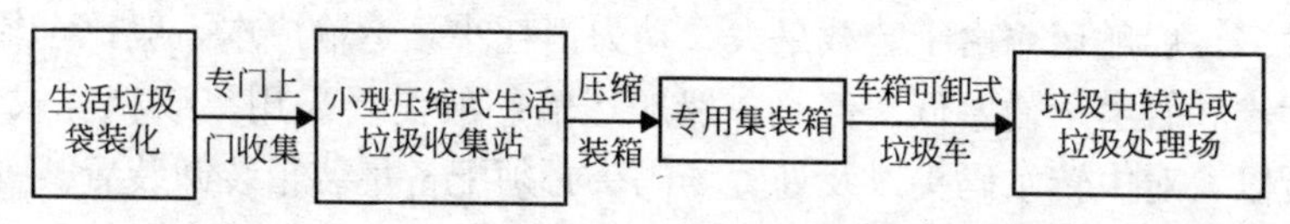

图 4-7 小型压缩站生活垃圾收集站收集方式流程图

5. 收集容器

城市垃圾收集容器：垃圾袋、桶、箱，其规格尺寸应与收集车辆相匹配，以便机械化操作。垃圾箱和桶可分为大、中、小三种类型。容积大于 $1.1m^3$ 的垃圾箱和桶称为大型垃圾箱容器；容积 $0.1\sim1.1m^3$ 的垃圾箱和桶称为中型垃圾容器；容积低于 $0.1m^3$ 的垃圾桶和箱被称为小型垃圾容器。

4.1.3 生活垃圾运输

生活垃圾的运输方式主要有：卡车运输、火车运输、船舶运输、管道运输等。

1. 卡车运输

车辆运输历史最长，应用范围最广泛。车辆运输应考虑的问题是：车辆与收集容器相匹配，装卸的机械化，车身的密封，对废物的压缩方式，中转站类型，收集运输路线以及道路交通情况等。

收集车类型的选择应根据当地的经济、交通、垃圾组成特点、垃圾收运系统的构成等实际情况，开发使用与其相适应的垃圾收集车。一般应根据整个收集区内不同建筑密度、交通便利程度和经济实力选择最佳车辆规格。安装车型式大致可分为前装式、侧装式、后装式、顶装式、集装箱直接上车等形式。车身大小按载重量分，额定量约 10～30t，装载垃圾有效容积为 6～40m^3。

2. 火车运输

在欧洲，针对混合垃圾的长距离运输，已专门研制出一种汽车与火车联运方式，有利于环保。另一种方式是使用标准型号的集装箱来运送汽车/火车联运的垃圾。

3. 船舶运输

船舶运输适用于大容量的废物运输，水路交通方便的地区应用较多。船舶运输由于装载量大、动力消耗小，运输成本一般比车辆运输和管道运输要低。但是，船舶运输一般需要采用集装箱方式，所以，对中转站码头以及处置场码头必须配备集装箱装卸装置。另外，在船舶运输过程中，特别要注意防止由于废物泄漏对河流的污染。我国上海老港垃圾填埋场就是采用船舶运输方式。

4. 管道运输

管道运输又分为空气运输和水力运输。

空气输送的速度比水力输送的速度大的多(20～30m/s)，空气输送所需动力和对管道的磨损也较大，且长距离输送容易发生堵塞(最远不大于 7km)。空气输送可分为真空方式和压送方式。真空输送适用于产生源向一点输送，由于管道内呈负压，臭气和粉尘不会向外泄漏，但由于负压有限，不适于长距离输送(1.5～2.0km)。压送方式适用于供应量一定，长距离(7km)、高效率输送，压力管道的气密性要求较高，停运后，重新启动困难。水力输送在安全性和动力消耗方向优于空气输送，可以实现低速、高浓度的输送，从而降低输送成本，主要问题是水源的保障和输送后水处理的费用。

管道气力输送因成本高，很少应用；高水分含量的有机物粉碎后，由下水道输送到污水处理厂有一定应用。

4.1.4 生活垃圾转运

生活垃圾可以从产生地直接运往处理处置场，也可经中转站再运往处置场。垃圾近距离运输时，常采用垃圾收集车直接运送至垃圾处理场，它比采用大载重量运输车经济且方便。当垃圾需远距离运输时，采用大载重量运输车运输比垃圾收集车经济。而从选址、土地利用、环境保护与环境卫生角度出发，垃圾处理工厂或垃圾处置场常常设在离城市较远的地方，垃圾常需远距离运输。因此，设立中转站进行垃圾的转运就显得必要，其突出的优点是可以更有效地利用人力和物力，使垃圾收集车更好地发挥其效益，也使大载重量运输工具能经济而有效地进行长距离运输。

设置中转站，主要视经济性而定。经济性取决于两个方面：一方面是有助于垃圾收运的总费用降低，即由于长距离大吨位运输比小车运输的成本低或由于收集车一旦取消长距离运输能够腾出时间更有效地收集；另一方面是对转运站、大型运输工具或其他必需的专用设备的大量投资会提高收运费用。因此，有必要对当地条件和要求进行深入经济性分析。一般来说，运输距离大于 20km，设置转运站才可能具有经济性。

生活垃圾收集运输见图 4-8。

(*a*)

(*b*)

图 4-8 生活垃圾收集运输(一)

(*a*)垃圾房；(*b*)手推式垃圾车；

(c) (d) (e) (f)

图 4-8 生活垃圾收集运输(二)

(c)垃圾收集站；(d)后装式垃圾压缩车；(e)垂直压块式垃圾收集站；(f)火车转运垃圾(瑞士)

4.2 废品回收与分类收集

4.2.1 废纸

纸是最大的环境影响因素之一。全球五分之一的木材用于生产纸。通常每生产 1t 纸需要 2.0～3.5t 的木材。纸是最大的工业能源消耗者之一。2001 年我国纸和纸板总生产量达到 3200 万 t，一举超过日本(3073 万 t)，仅次于美国(8025 万 t)，跃居世界第二位。2007 年我国纸和纸板的生产量为 7350 万 t。我国也是当令世界上纸和纸板消费大国，总消费量一直保持居世界第二的位置。近几年，随着我国消费水平的提高，纸和纸板生产量、废纸回收量大幅度提高，废纸回收率也有明显提高，2007 年我国废纸回收律达到 37.9%(见图 4-9)。

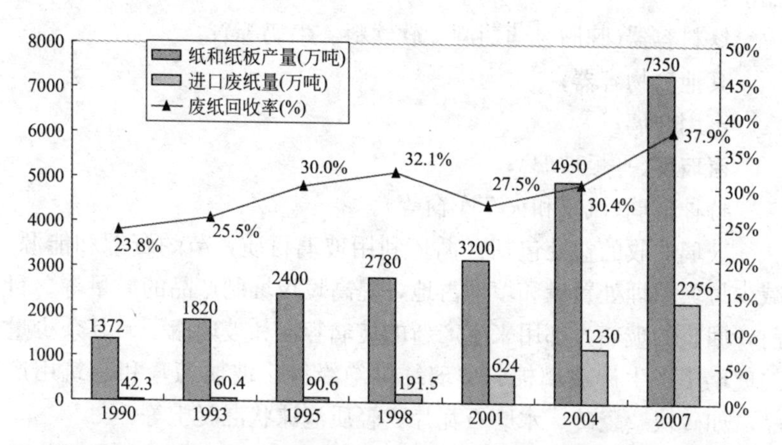

图 4-9 1990～2007 年我国纸和纸板产量、进口废纸量和废纸回收率

我国废纸回收状况就可以说明垃圾回收水平是不低的，甚至可以说还是比较高的。虽然我国的废纸回收率只有 30%～40%，显著低于发达国家和发达地区废纸回收率，但这并不能说明我国废纸回收水平低或者回收的潜力还很大。我国人均纸消费量低，纸的回收率就难处于高水平。根据 1999 年设在华盛顿的世界观察机构的统计结果，全球 30%的纸产品用于美国，每人每年消费 335kg，日本是 249kg，德国是 192kg，尽管中国是继美国之后的全球第二大纸生产国。但人均消费量不足 50kg(2007 年)。人均纸消费纸量低，通常表现为报纸书刊的消费量比例低，而卫生纸等难以回收纸的消费量比例就相对较高，显然废纸回收率就不可能很高。比如，以美国为例，虽然在 2005 年其废纸回收率达到 58.8%，但具体分析其各类废纸的回收率差别是很大的，如废报纸的回收率为 88.9%，废纸箱的回收率为 71.5%，而废纸巾、废纸杯等则回收率很低可以忽略不计。目前我国没有确切的废报纸和废纸箱的回收率统计，但从办公室和居民的局部调查看，废报纸和废纸箱的回收率应在 90%以上。

4.2.2 废玻璃

玻璃作为饮料容器历史悠久，而且卫生。过去 20 年，许多玻璃容器已由塑料或其他材料替代了。废玻璃的来源很多，主要途径如下：

饮料容器(啤酒、葡萄酒、软饮料、牛奶等)；

其他食物容器；

家用玻璃；

窗玻璃(平板玻璃)；

特种玻璃(汽车和火车车窗等)。

玻璃回收的益处包括：循环利用玻璃材质，节约资源和能源，减少垃圾填埋处置量和填埋占地，提高垃圾堆肥产品的质量等。目前，回收的玻璃大都用来生产新的玻璃容器和玻璃瓶子，其余少量的玻璃用来生产玻璃棉、玻璃纤维绝缘体、玻璃沥青和建筑用产品，如砖块、瓷砖、水磨石瓦片、轻质泡沫状混凝土等。

许多饮料瓶是能多次使用的，所以空瓶不能认为是垃圾。作为饮料容器的最好系统是标准瓶回收系统。标准化的玻璃瓶可供供应商使用。这些瓶子由消费者送回到商店或供应商那里。这个系统主要用于啤酒、矿泉水和牛奶瓶。一只标准的可回收标准瓶能够反复使用 24～30 次，特殊的可回收标准瓶甚至可重复灌装 80 次。到目前为止，废玻璃仅仅用来制造瓶子，大量的是制造绿色玻璃瓶。

制造绿色玻璃瓶，可用绿色、棕色或白色废玻璃瓶。

制造棕色玻璃瓶，可用棕色和白色废玻璃瓶。

制造白色玻璃瓶，只能使用白色废玻璃瓶。

4.2.3 废塑料

塑料是很多高分子化合物的总称。这使得塑料回收困难并且不同的产品必须分别处理。由于塑料回收比较复杂，回收利用率也并不高。以美国为例，2005 年塑料制品回收率为 5.7%。2005 年中国塑料制品年产量为 2700 万吨，回收量约为 600 万吨。国际市场上废塑料交易日增，主要由亚洲一些发展中国家进口。中国是目前世界最大的废塑料进口国，2005 年进口大约 500 万吨。典型的废塑料回收流程见图 4-10。

生活垃圾中约含有 10%～15%的塑料(湿态)。各种塑料产品在回收利用时可能带有的污染物见表 4-3。

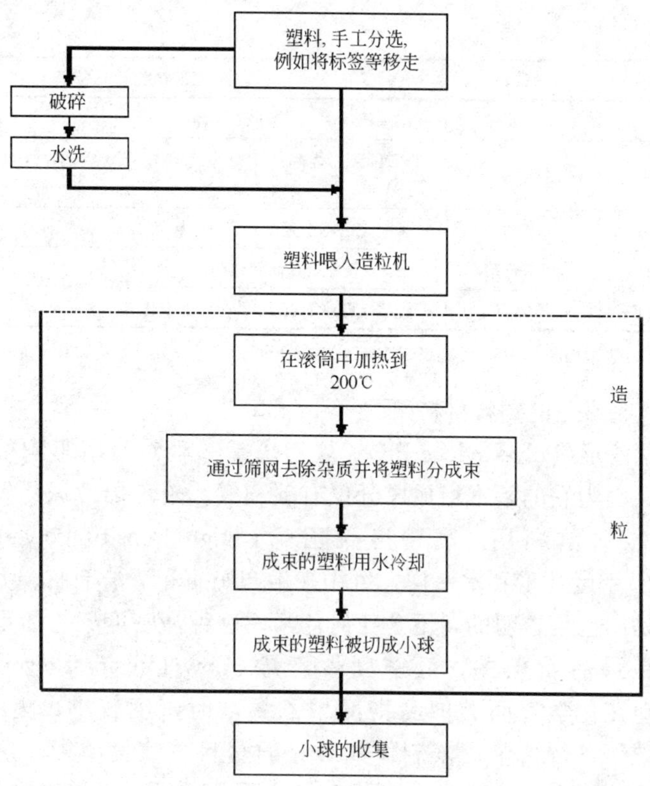

图 4-10 典型废塑料回收流程

可回收聚合体中的一般污染物 **表 4-3**

聚合体	来源	污染物
PET	饮料瓶	PVC(聚氯乙烯)、绿色 PET(聚乙烯酯)、铝、水、胶、低聚体
HDPE	牛奶/水瓶	PP(无机焦磷酸)、奶渣、色素、纸、EPS(多孔聚苯乙烯)、软木塞
LDPE	温室薄膜	杀虫剂、土壤、镍、氧化物
LDPE	购物袋	纸收据、印刷油墨、食物碎片
PP	电池外壳	铅、铜、酸、油脂、污垢
HDPE	清洁剂瓶	纸、胶、表面活性剂、漂白剂、石油溶剂
PET	摄影胶片	银卤化物、凝胶、腐蚀性残余物
Phenolic	电路板	铜、四溴双酚 A

续表

聚合体	来源	污染物
LDPE	多层胶片	乙烯乙烯醇、聚酰胺、单体
PVC	饮料瓶	PET(聚乙烯酯)、PE(聚乙烯)、纸、铝箔、PP(无机焦磷酸)
ABS	家具	多溴化的阻燃剂
SBR	汽车轮胎	钢丝、纤维、石油软化剂
LDPE	覆盖膜	土壤(直到 30%)、铁(在土中达 3%)

SBR—丁苯橡胶；EPS—发泡聚苯乙烯；ABS—丙烯氰—丁二烯—苯乙烯三元共聚物

几种常见的塑料材料如下：

聚乙烯(Polyethylene PE)。聚乙烯是一种对环境影响很小的塑料，因为它的基本组成成分仅有碳和氢。聚乙烯垃圾易燃，热量也能清洁利用。高密度聚乙烯(High Density Polyethylene HDPE)密度几乎和水一样，可用来生产奶瓶和清洁剂瓶。大多数奶瓶是白色半透明的，不含任何色素。这种高密度聚乙烯是天然的，是最有价值的。低密度聚乙烯(Low Density Polyethylene LDPE)在化学方面类似高密度聚乙烯，但密度较小，更柔韧。大多数聚乙烯薄膜用来制作如常见的塑料袋或食品袋。这可能是透明或有色的，在回收利用工厂中通常需要手工分选和捆扎。

聚氯乙烯(Polyvinylchloride PVC)。尽管聚氯乙烯回收技术上可行，但聚氯乙烯用氯制造，含有各种添加剂，而且聚氯乙烯产品各异，这使得聚氯乙烯比其他树脂产品更不易回收。大多数废弃的聚氯乙烯被收集，进行回收后，制成不同的低等级产品。这种回收方式基本上不能减少污染。聚氯乙烯主要用在以下领域：电缆绝缘材料、塑料窗框、塑料门、食品包装等。

大多数聚氯乙烯产品(窗框、排水管、绝缘电缆等)寿命很长一有的超过 50 年。聚氯乙烯包装材料寿命短，因此很多形成了生活垃圾。然而，尽管在体积上塑料比例很高，但在重量上很低。在欧洲，每年收集的生活垃圾超过 1 亿吨，塑料占 7%，而聚氯乙烯量仅占 0.7%。聚乙烯酯——Ployethylene Terphtalate PET。主要用于饮料瓶等，回收利用价值相对较大。

4.2.4 废金属

生活垃圾中金属含量目前约为0.7%，大量可回收的废金属来自各种工业。主要包括以下部分：工具、饮料容器、炊具、金属钉、金属丝等。废金属从材料上分为黑色金属和有色金属。

黑色金属主要包括钢和铁。超过半数的钢已从废料中回收，如来自于旧车、建材和钢罐。利用废料生产钢比从铁矿中生产至少节约60%的能量。钢铁使用寿命是废料利用计划的关键部分。饮料罐只要几个星期，而汽车可能要10～15年，房屋建筑和桥梁几乎用一个世纪。

有色金属主要包括铝、铜、锡、镍等。有色金属回收的经济效益显著，如回收1kg铝罐可以节约大约8kg矾土，4kg化学产品和14度电，回收利用铝可节省原料生产新铝所需能量的95%。收集到的铝经过前处理并重新熔化，这和用电解法得到的新制铝有同样高的质量。

4.2.5 煤灰

目前，煤仍然是我国许多地区的家庭燃料，煤燃烧后的剩余灰渣俗称“煤灰”。煤灰在生活垃圾含量在我国北方部分地区高达50%以上，建立煤灰单独收集系统对减少生活垃圾集中处理有重要意义。由于生产煤球时为增加粘结性将黏土混入煤粉，这部分黏土是构成煤灰的主要组成部分。煤灰可以作为惰性材料就近处理，如填坑或做路基材料，煤灰集中量较大时也可用于生产建筑材料如制砖等。

在古代的城市中，收集垃圾主要是煤灰。例如，故宫后面“煤山”，何以有此名字？就是那时皇宫里早已用煤做燃料，烧过的煤渣运到皇宫的后面，日积成山，故称“煤山”。

4.3 家庭有害垃圾收集与管理

4.3.1 家庭有害垃圾种类

危险废物的主要特征并不在于它们的相态，而在于它们的危险特性，即：毒性、易燃性、易爆性、腐蚀性、反应性、感染性。危险废物包括：固态、残渣、油状物质、液体以及具有外包装的气体等。家庭有毒有害垃圾就是指有上述特征的家庭废弃物如日光灯管、废弃药品、油漆、石棉、废弃农药等，这些家庭有害垃圾虽然产生量不大，但对环境的影响是比较显著的，如果不能进行单独收集并单独处理，混入生活垃圾中，对后续的生活垃圾处理会带来不利影响。我国目前还没有建立家庭有毒有害垃圾管理体系，发达国家已经普遍建立了家庭有毒有害垃圾管理制度。例如，美国从20世纪80年代开始对家庭有害垃圾进行收集管理，家庭有害垃圾主要分6类(见表4-4)，目前每年有害垃圾产生量约为160万吨。荷兰从1992年开始普遍推行家庭有害垃圾收集，根据1993年到2001统计，平均每个居民每年单独收集量约为1.5kg，家庭有害垃圾按来源分为5类(见表4-5)。

美国家庭有害垃圾分类 **表4-4**

序　号	项　目
1	家庭用废弃药品及医疗垃圾
2	废弃的油，如润滑油、柴油、汽油、食用油类
3	含有汞的废弃用品，如温度计、日光灯管等
4	防冻剂类
5	电池类
6	废弃农药

来源：http://www.epa.gov/osw/conserve/materials/hhw.htm。

荷兰家庭有害垃圾分类 **表4-5**

序　号	项　目
家庭用品	电池、节能灯、荧光灯管、灯油、杀虫剂等
家庭医疗用品	药品、水银温度计、注射针头等
家庭自助清洁用品	丙酮、染色剂、柔顺剂、清洁剂、油漆、涂改液、粘合剂、密封剂等
业余爱好用品	照片定影液、照片显影液、蚀刻液
交通用品	车用电池、润滑油、废机油、刹车油、油过滤器等

来源：Separate Collection Of Hazardous Household Waste In The Netherlands Waste Management Council August 2003。

4.3.2 家庭有害垃圾管理建议

根据我国农村的特点，家庭有害垃圾主要有废弃药品、废弃农药、日光灯管、电池、油漆等，建立这些有害垃圾单独收集系统既十分必要，也十分有意义。这些垃圾并不是每天都产生，产生量也比较低。但如果不进行分类收集，混入生活垃圾系统，对生活垃圾处理的影响和环境危害都是明显的。家庭有害垃圾应由政府建立分类收集系统，让居民免费投放。为提高收集率，需要建立持续的宣传教育体系，甚至需要建立类似押金制度，提高居民单独收集家庭有害垃圾的积极性。此外，家庭有害垃圾收集也可以借助废旧电子垃圾(废旧家用电器、废旧计算机、废旧收音机、电视机、VCD、录像带、废旧冰箱、空调等)回收体系和废旧物资的回收体系联合设立。

5 垃圾处理与资源化利用

5.1 农村有机垃圾处理与资源化

可生物降解的有机垃圾的生物处理主要包括好氧堆肥处理和厌氧消化处理。含水量较低的可生物降解的有机垃圾适宜堆肥处理，如秸秆和庭院垃圾等；含水量较高的厨馀食品类垃圾，更适宜于厌氧消化处理，如果要进行堆肥处理，需要添加木屑等骨料来保证物料的透气性，从而完成好氧堆肥过程（见图 5-1，来源：Kern Michael(1994)5. Hohenheimer Seminar，Stuttgart）。

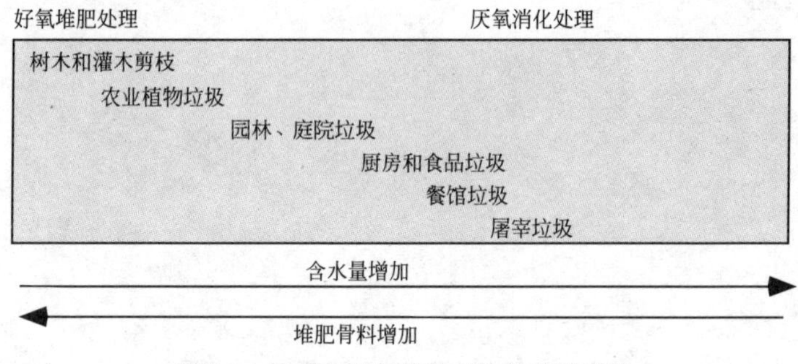

图 5-1　堆肥与厌氧消化对物料的适应性

5.1.1　堆肥处理

1. 家庭堆肥技术

家庭堆肥处理可在庭院里或农田中采用木条等材料围成 $1m^3$ 左右的空间，用于堆放可腐烂的有机垃圾，家庭堆肥围护材料应选用当地材料（如木条、钢筋或其他材料），堆放形式可参照下图 5-2、图 5-3：堆肥时间一般 2～3 个月以上。在庭院里进行家庭堆肥处理需要远离水井，并用土覆盖。

2. 条形堆肥处理技术

村庄堆肥宜采用条形堆肥处理。将垃圾堆为长条形，断面为三角形或梯形，堆高在 1m 左右，端面面积在 $1m^2$ 左右，堆放形式可参照下图 5-4，堆肥时间一般 2～3 个月以上。条形堆肥场地可选择田间、田头或草地、林地旁。

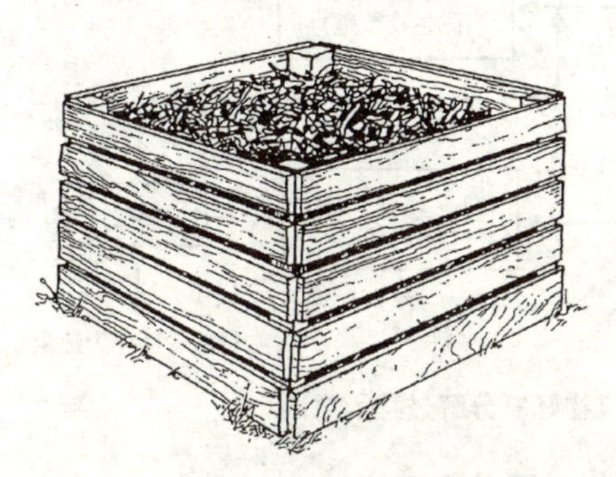

图 5-2 采用木板制作的家庭堆肥装置

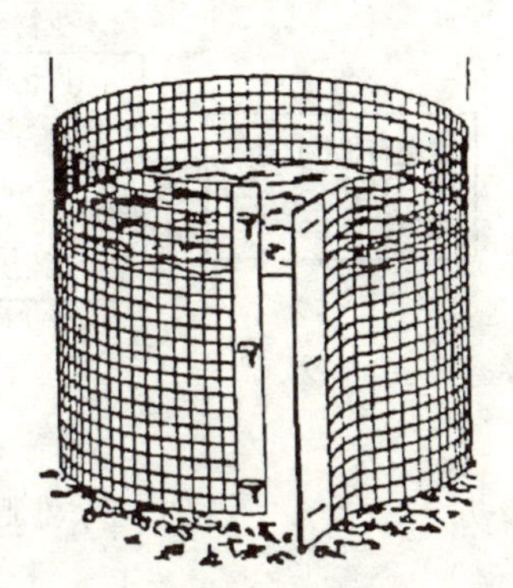

图 5-3 采用钢筋或铁丝制作的家庭堆肥装置

图 5-4 条形堆肥

3. 工厂化堆肥处理技术

工厂化堆肥是在控制条件下，使来源于生物的有机废物，发生生物稳定作用的过程，废物经过堆肥化的处理，制成的成品叫堆肥。堆肥是农村垃圾资源化的重要手段。作物秸秆和养殖业粪便有机成分含量高、有害成分少、富含营养成分，适合于堆肥。

在有氧条件下，依靠好氧微生物吸收、氧化、分解作用，将有机物转化为无机物和新细胞物质(见图 5-5)。堆肥过程的影响因素包括：生物挥发性固体、通风供氧、水分、温度、碳氮比等。通常要经过物料预处理、一次发酵、二次发酵和后处理过程。

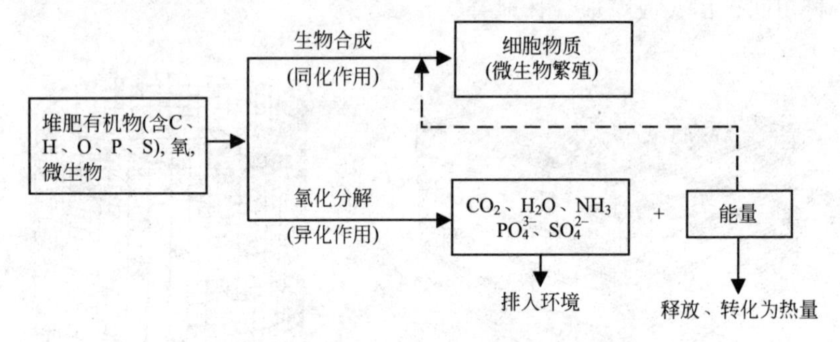

图 5-5 堆肥有机物好氧分解过程示意图

典型的工厂化堆肥处理包括以下几个工序：

1）原料预处理：包括分选、破碎以及含水率和碳氮比调整。

2）原料发酵：高温堆肥采用一次发酵方式，周期长达 30 天以上，高温堆肥采用二次发酵方式，周期一般需要 20 天以上。

3）后处理：包括去除杂质和进行必要的破碎处理。

近二十多年来，欧美发达国家把垃圾堆肥也看作为可降解有机物的再生利用。垃圾的再生利用是垃圾减量和垃圾资源化的最佳途径。以美国为例，由于禁止庭院垃圾进行填埋处置的条例的实施，庭院垃圾堆肥处理场发展很快，2001 年，全国庭院垃圾堆肥处理场达到 3846 座，比 1988 年增长了近 5 倍。但是，需要注意的是发达国家的堆肥处理更多是采用庭院垃圾和分类收集后的可降解有机垃圾。而利用城市混合垃圾堆肥处理所占的比例并不高。例如，2005 年美国城市生活垃圾堆肥厂中，采用混合垃圾堆肥处理场只有 14 座，总计日处理规模为 1200 多吨，只相当庭院垃圾堆肥 2%左右。

对于混合的生活垃圾，由于分选效率有限，产品质量和市场都受到限制，近十多年，国内建设的几十个混合生活垃圾堆肥项目都不能正常运行。通过预分选处理理论上可以将厨余类有机物分选出来进行堆肥处理，但实际上此举一方面增加运行成本，另一方面堆肥产品的质量也难以得到保证，此外单纯的厨馀类有机物由于水分高，需要添加骨料才适宜进行堆肥处理。

5.1.2 厌氧消化

厌氧反应是指在没有溶解氧和硝酸盐氮的条件下，微生物将有机物转化为甲烷、二氧化碳、无机营养物质和腐殖质的过程。厌氧生物处理的优点主要有：工艺稳定、运行简单和减少剩余污泥处置费用；具有生态和经济上的优点。在废水处理中，厌氧消化具有悠久的历史，目前应用最广泛的升流式厌氧污泥床(UASB)占67%左右，并已开发了第三代高效厌氧处理系统，如厌氧颗粒污泥膨胀床(EGSB)工艺。而在有机垃圾处理中，厌氧消化的发展是从20世纪70年代能源危机开始的，特别是近20年发展速度很快。德国、瑞士、丹麦等西欧国家处于技术领先地位，并已经将此项技术成功地市场化。据统计，在德国大约有520座厌氧消化反应器，其中用于城市垃圾处理的大约有49座。相比较而言，美国、加拿大在制定基本政策制度以促进厌氧消化市场化方面还有较大差距。国外有机垃圾厌氧消化的处理厂数量见表5-1。

国外有机垃圾(Biowaste)用厌氧消化的处理厂(IEA，2001) 表5-1

国家	奥地利	芬兰	德国	意大利	荷兰	西班牙	瑞典	瑞士	英国
数目	6	1	49	4	4	1	4	11	1

1. 厌氧消化原理

厌氧生物代谢过程的主要途径大致分为水解、产酸和脱氢、产甲烷三个阶段，如图5-6和图5-7所示。由兼性细菌产生的水解酶类，将大分子物质或不溶性物质分解为低分子可溶性有机物。这一阶段主要是促使有机物增溶和缩小体积的反应，它受到细菌释放到废水中的胞外酶的催化。不溶性有机物的主要成分是脂肪、蛋白质和多糖类，在细菌胞外酶作用下分别分解为长链脂肪酸、氨基酸和可溶性糖类。蛋白质和多糖类的水解速率通常比较快，脂肪的水解速率要慢的多，因而脂肪的水解对不溶性有机物在厌氧处理时的稳态程度起控制作用，使水解反应成为整个厌氧反应过程的速率限制性阶段。

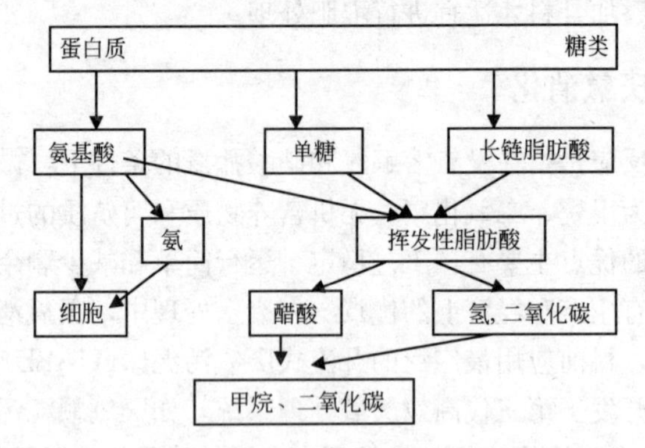

图 5-6 厌氧消化的连续反应过程

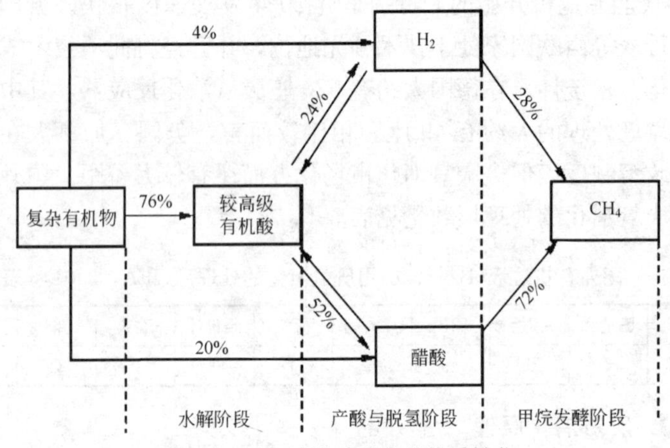

图 5-7 厌氧消化过程中的物质转化

水解形成的溶性小分子有机物被产酸细菌作为碳源和能源，最终产生短链的挥发酸，如乙酸。有些产酸细菌能利用挥发酸生成乙酸、氢和 CO_2。能生成氢的产酸菌也称为产氢细菌。由于产氢细菌的存在，使氢（H_2）能部分地从废水中逸出，导致有机物内能下降，所以在产酸阶段，废水的 COD 值有所下降。这一阶段的反应速率很快，当在厌氧反应器污泥中的平均停留时间小于产甲烷细菌能生长的时间时，便已经大部分转化为挥发酸了。因此可以认为产酸和产氢阶段不会成为整个厌氧反应过程的速率限制性阶段。

产甲烷的厌氧生物处理过程中，有机物的真正稳定发生在反应的第三阶段，即产甲烷阶段。产甲烷的反应由严格的专性厌氧菌来完成，这类细菌将产酸阶段产生的短链挥发酸(主要是乙酸)氧化成甲烷和二氧化碳。

$$C_6H_{12}O_6 \longrightarrow 3CH_4+3CO_2$$

$$蛋白质 \longrightarrow CH_4+CO_2+H_2S+NH_3$$

$$脂肪 \longrightarrow CH_4+CO_2$$

有一类产甲烷的细菌可以利用氢产生甲烷，受氢体可能是二氧化碳。对醇类和其他挥发性酸类转化为乙酸的热动力学研究表明，这些反应对废水中氢的分压十分敏感，只有当废水中氢的分压保持在足够低的水平，这些反应才能进行，在反应器中存在共生关系。产甲烷的反应速率一般较慢，因而在溶性有机物进行厌氧处理时，产甲烷的反应速率一般比较慢。因而在溶性有机物进行厌氧处理时，产甲烷的反应是整个厌氧反应的限制性阶段。

消化性细菌有兼性的，也有厌氧的，在自然界中数量较多，而产甲烷菌则是严格的厌氧菌，它们对于环境的变化，如 pH、碱度、重金属离子、洗涤剂、氨、硫化物和温度的变化，比消化性细菌敏感得多，并且生长缓慢(世代期长)，必须注意避免过多地从处理构筑物中排走(采用回流污泥的办法有利于保持较多的产甲烷菌)。

厌氧消化过程特征见表 5-2。

厌氧消化特征 **表 5-2**

厌氧消化类型	电子受体	参加酶类	产物	产生能量
分子内无氧呼吸(又称发酵)	基质氧化后的中间产物	脱氢酶 脱羧酶 还原酶等	CO_2，CO，CH_4，RCOOH，ROH，NH_3，胺化物，H_2S，PO_4^{3-}	最少
分子外无氧呼吸	无机氧化物中的氧原子(如 NO_3^-，NO_2^-，SO_4^{2-} 等氧化物中的氧原子)	脱氢酶 脱羧酶 特殊的氧化酶，还原酶等	CO_2，CH_4，N_2，H_2S	中

2. 厌氧反应器组成及分类

厌氧反应器由密闭反应器、搅拌系统、加热系统和固液气三相分离系统组成。

按照操作条件如进料总固含率、运行阶段数、进料方式和温度等，厌氧消化系统分类一览如图 5-8 所示。

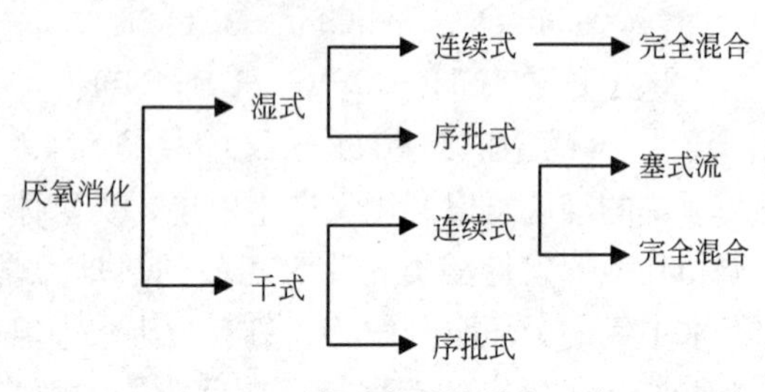

图 5-8 厌氧消化系统分类一览

不同类型的厌氧反应器在市场中占的份额不同。中温消化、高温消化都是可行的技术，实际运行的处理厂，中温消化占 62%；湿式、干式系统各占一半；而单相消化、两相消化的比重相差大。L. De Baere(2000)通过对欧洲固体垃圾的厌氧消化的调查发现，两相消化所占的比重比单相消化要小得多，原因是两相消化系统需要的更多的投资，以及运转维护也更为复杂。

3. 沼气利用

人畜禽粪、作物秸秆、杂草菜叶、有机污水等都可以作为沼气发酵原料，常用发酵原料的产沼气率如表 5-3。

常用发酵原料的产沼气率 表 5-3

原料种类	每吨干物质产生的沼气量(m^3)	甲烷含量(%)	产气持续时间(d)	原料种类	每吨干物质产生的沼气量(m^3)	甲烷含量(%)	产气持续时间(d)
牲畜厩肥	260～280	50～60	—	青草	630	70	60
猪粪	561	65	60	亚麻梗	359	59	90
牛粪	280	59	90	玉米秆	250	53	90
马粪	200～300	60	90	麦秸	342	59	—
人粪	240	50	30	松树叶	310	69	65

续表

原料种类	每吨干物质产生的沼气量(m³)	甲烷含量(%)	产气持续时间(d)	原料种类	每吨干物质产生的沼气量(m³)	甲烷含量(%)	产气持续时间(d)
杂树叶	210～294	58	—	酒厂废水	300～600	58	—
马铃薯梗叶	260～280	60	60	碳水化合物	750	49	—
谷壳	651	62	90	类脂化合物	1400	72	—
向日葵梗	300	58	—	蛋白质	980	50	—
废物污泥	640	50	—				

厌氧消化反应器中产生的生物气(俗称沼气)主要有甲烷(CH_4)和二氧化碳(CO_2)组成，含有少量的硫化氢(H_2S)和氨(NH_3)以及微量的 H_2、N_2、CO、O_2。生物气是能量很高的清洁能源，经过一定处理后就可应用，具有很高的经济价值。

生物气提纯主要是为了去除水、H_2S、灰尘、二氧化碳等。采用的处理方法取决于气体的最终用途。水分会在设备气体管路中聚集，和硫化氢结合会产生腐蚀性的酸溶液，引起腐蚀；硫化氢具有毒性、腐蚀性，会腐蚀设备，其浓度应当限制在设备生产商规定值以下，此外，燃烧时生成二氧化硫，为了达到二氧化硫的排放要求，生物气中的硫化氢浓度也应该保持足够低的值；二氧化碳去除通常是为提高生物气的热值。

5.2 混合生活垃圾分选处理与资源化

5.2.1 混合生活垃圾分选处理

对于混合的生活垃圾，如果为了将其中的可堆肥物分选出进行堆肥处理，或者一般需要进行分选处理。从生活垃圾堆肥发酵的要求角度看，袋装化收集的混合生活垃圾需要先进行分选处理，去除不适宜堆肥的杂质，才能将可生物堆肥的部分作为堆肥原料进行堆肥处理；从袋装化收集的混合生活垃圾分选处理要求的角度看，由于我国生活垃圾含水率高，粘连性强，很难进行机械分选处理或者说机械分选处理效果较差。

生活垃圾分选处理一般包括破碎、筛选、磁选等工序。典型的机械分选＋堆肥处理工艺流程见图 5-9：

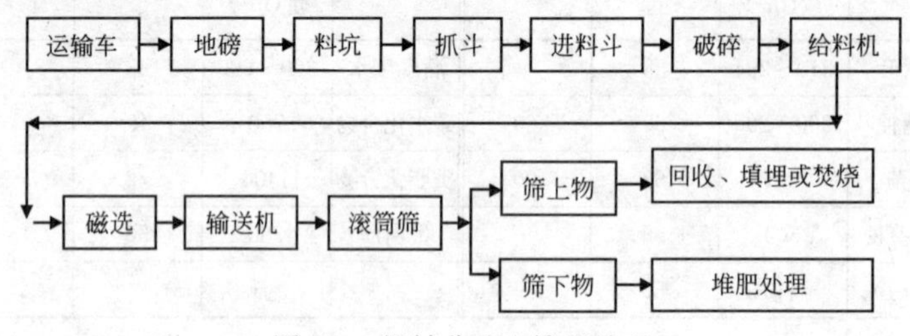

图 5-9 机械分选＋堆肥处理

对于有些生活垃圾分选处理，以提高垃圾焚烧热值或减少填埋量为目的，典型工艺流程见图 5-10：

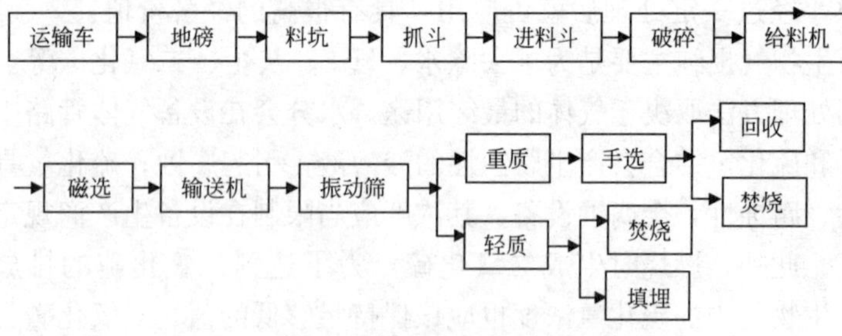

图 5-10 提高垃圾焚烧热值或减少填埋量

生活垃圾进厂后，经地磅称重计量进入料坑倒料位，自动卸入料坑内，由液压抓斗、吊车抓送到破碎机料斗内，经双螺旋破碎机破碎后的垃圾再经给料机、磁选机及带磁选机的带式输送机回收铁质物品后进入振动筛分机，分选出重质和轻质废物。其中轻质垃圾运到厂外经手选后分出可利用废物约 5%～10%，其余进行焚烧处理；重质垃圾中小于 70～80mm 的进行填埋处理，大于 70～80mm 的垃圾运至焚烧厂焚烧处理。

筛上物及热值比较高的轻质组分也制成一定尺寸规格垃圾衍生燃料(Refuse derived fuel)简称 RDF 是比较常见的方式。RDF 最终加工形态根据不同要求可制成不同尺寸规格的颗粒或压缩成块状，由于 RDF 可部分代替煤直接用于工业锅炉、也可和煤或木屑混合燃烧，因而 RDF 厂址选择具有较大的灵活性。主要设备有输送皮带、滚筒筛、磁选机及空气分选机等组成。目前 RDF 焚烧量占美国城市垃圾焚烧量约 1/4。美国和加拿大对 RDF 焚烧炉的焚烧标准给予一定放宽；德国垃圾法规定，当垃圾热值超过 13000kJ/kg 以上，其处理纳入回收利用范畴。分析国内城市生活垃圾成分，可燃物含量低，垃圾热值低，如果将垃圾分选处理的高热值垃圾与流化床等其他工业焚烧炉结合起来可能是相对理想的组合。这种方式的缺点是当混合垃圾水分较高时，分选效率较低。

5.2.2　热风干燥＋机械分选

原生垃圾进行破碎予处理，通过强制热风（热风温度为 70～80℃）干燥处理，垃圾很容易将其分离，这样既简化了前处理工序，也便于后处理，并可降低运行费用和建设投资。该工艺在德国又称机械干燥生物处理，并在德国、意大利、比利时等国有 10 多个处理厂投入使用。该工艺技术，解决了原生垃圾分选处理问题，也为生产高质量 RDF 燃料，提高垃圾回收利用率创造了有利条件（见图 5-11）。

(*a*)　(*b*)　(*c*)　(*d*)

图 5-11　生活垃圾干燥分选利用

(*a*)机械生物处理厂；(*b*)干燥后的可燃物；(*c*)干燥后的无机垃圾；(*d*)无机垃圾制砖

5.3 可燃垃圾焚烧处理与能源利用

5.3.1 垃圾发烧处理的特点

焚烧法是现代化垃圾处理方法中的重要方法之一，当垃圾低位热值大于3300kJ/kg(800kcal/kg)时，可以不加或少加燃料在焚烧炉内焚烧。它与其他处理方式相比，具有以下几个方面特点。

(1) 可以显著的减少体积和重量(减重一般达70%，减容一般达90%。)，减量化时间与其他处理方式相比较短；

(2) 可以进行余热回收利用，并通过余热回收利用获得收益补偿；

(3) 大部分有害物可以通过焚烧而得到无害化处理；

(4) 卫生条件良好，占地少，可设置在城区，节省运力及运费；

(5) 投资较高；

(6) 操作运行需要专业技术人员；

(7) 只能处理适于焚烧处理的垃圾；

(8) 启动时和在其他需要维持燃烧温度时需要添加辅助燃料。

垃圾焚烧处理已有一百多年历史，但出现有控制的焚烧(烟气处理，余热利用等)只是近几十年的事。1876年，世界上第一个城市垃圾焚烧炉建于英国的曼彻斯特市，德国第一个城市垃圾焚烧炉建于1892年的汉堡市(见图5-12)。在19世纪末所用的垃圾焚烧炉多为固定床式，机械化水平比较低，进出料还依靠人工。本世纪初，欧洲、美国许多城市都相继兴建城市垃圾焚烧厂，到二次大战前，美国焚烧炉已发展到约700座。这时期的焚烧炉已具备现代垃圾焚烧炉的主要特征和功能，并实现机械化操作。二次大战后，随着经济的复兴，城市垃圾产量迅速增加，垃圾成分也发生了显著变化，垃圾中废纸和塑料等可燃物含量大幅度提高，垃圾焚烧处理又得到进一步发展。在20世纪60年代和70年代，发达国家又兴建了许多新的城市垃圾焚烧厂，随着工业技术的进步，许多新技术、新工艺和新材料应用于垃圾焚烧炉的制造，垃圾焚烧厂的控制水平也有所提高。在20世纪70年代后期和80年代早期，由于公众对垃圾焚烧烟气污染特别是二噁英的关注，在西方国家，出现公众反对兴建垃圾焚烧炉呼声，因此在这一时期，新建垃圾焚烧厂出现下降趋势。由于垃圾焚烧烟气处理逐步受到重视，特别是烟气处理技术不断进步，余热利用系统和尾气处理系统得到进一步完善，垃圾焚烧炉又取得新发展。进行余热利用的垃圾焚烧厂并被称为“能源回收工厂”（Waste-To-Energy）

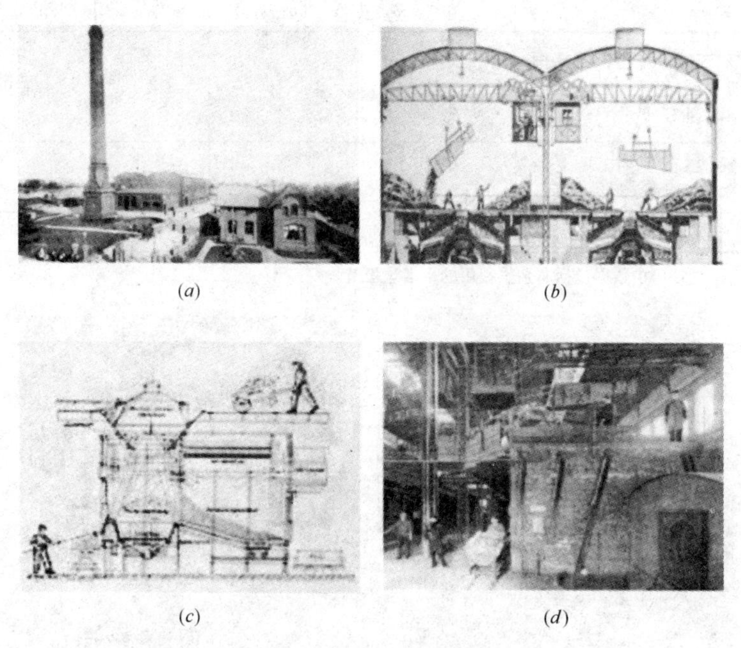

图5-12　1892年德国汉堡市生活垃圾焚烧厂

(*a*)德国汉堡市生活垃圾焚烧厂(1892年)；(*b*)垃圾进料示意图；(*c*)焚烧炉示意图；(*d*)焚烧炉出渣

目前，全世界共有生活垃圾焚烧厂近2100座，其中生活垃圾焚烧发电厂约1000座；总焚烧处理能力为62.1万吨/日，年生活垃圾焚烧量约为1.65亿吨(见表5-4，图5-13)。这些焚烧设施绝大部分分布于发达国家和地区，约35个国家和地区建设并运行生活垃圾焚烧厂(CEWEP，2006)。按年处理量分析，其中欧盟19国家年焚烧处理占38%，其次日本占24%，美国占19%，东亚部分地区(中国台湾、韩国、新加坡、泰国、中国澳门、中国大陆等)占15%，其他地区(俄罗斯、乌克兰、加拿大、巴西、摩纳哥等)占4%。

世界生活垃圾焚烧厂分布状况 表5-4

	设计处理能力（万吨/日）	焚烧发电和余热回收厂数量[1]（座）	年处理量（百万吨）	数据统计年份
欧盟(25国)	22	425	63.6	2006
日本	19.9	992(1374)	40.3	2004
美国	10	89(143)	31.4	2006
东亚（中国台湾、韩国、新加坡、泰国、中国澳门、中国大陆等）	8.2	140(160)	24.0	2006
其他（俄罗斯、乌克兰、加拿大、巴西、摩纳哥等	2	30	6.0	2004
合 计	62.1	1686(2086)	165	—

注：1.()中数据包括非余热利用的生活垃圾焚烧厂。

(a) (b) (c) (d)

图5-13 现代生活垃圾焚烧厂

(a)奥地利维也纳垃圾焚烧厂(Spittelau)；(b)日本东京杉並垃圾焚烧厂；(c)台湾台北县八里垃圾焚烧厂；(d)上海江桥垃圾焚烧厂

5.3.2 垃圾焚烧处理与节能减排

生活垃圾焚烧大多采用无预处理焚烧系统并进行余热利用，该系统余热利用率最高可达85%以上。这类焚烧炉多为炉排炉。炉排的作用就是在炉内输送垃圾的同时，又能促进垃圾的搅动和混合，从而使垃圾得到较完全的燃烧。目前无论是欧盟、北美还是日本，使用炉排炉焚烧生活垃圾的量都占90%以上。2005年8月欧盟公布的欧洲污染综合防治局(European IPPC Buraeau)研究报告表明，炉排炉仍然是生活垃圾焚烧处理广泛应用的首选技术炉型(见表5-5)，对未预处理的生活垃圾焚烧，热解、气化和循环流化床等技术工艺很少应用。

目前广泛应用的焚烧炉类型急对应的固体废物类型　　表5-5

技术类型	未预处理的生活垃圾	预处理的生活垃圾和RDF	有毒有害废物	污泥	医疗垃圾
往复炉排	广泛应用	广泛应用	一般不用	一般不用	有应用
移动炉排	有应用	有应用	很少应用	一般不用	有应用
摇动炉排	有应用	有应用	很少应用	一般不用	有应用
滚筒炉排	有应用	广泛应用	很少应用	一般不用	有应用
水冷炉排	有应用	有应用	很少应用	一般不用	有应用
炉排+转窑	有应用	一般不用	很少应用	一般不用	有应用
转窑	一般不用	有应用	广泛应用	有应用	广泛应用
转窑+水冷	一般不用	有应用	有应用	有应用	有应用
立式炉	一般不用	一般不用	有应用	一般不用	广泛应用
卧式固定床	一般不用	一般不用	广泛应用	一般不用	有应用
鼓泡流化床	很少应用	有应用	一般不用	有应用	一般不用
循环流化床	很少应用	有应用	一般不用	广泛应用	一般不用
旋流流化床	有应用	有应用	一般不用	有应用	有应用
热解	很少应用	很少应用	很少应用	很少应用	很少应用
气化	很少应用	很少应用	很少应用	很少应用	很少应用

生活垃圾焚烧产生的热能相当于可再生能源，目前我国一些经济发达的城市和地区每kg垃圾热值达到5000kJ以上，相当于

1.4kWh 的能量，单一焚烧发电可获得 0.2～0.3kWh。如果采用焚烧热电联产，即供暖季节主要供热而在非供暖季节主要用于发电，将使垃圾焚烧厂热能利用率进一步提高。通过分类收集等措施，降低垃圾含水率，提高垃圾热值，可更有效地提高垃圾焚烧热能利用效率。

按照 2006 年城市生活垃圾量估算，如果 70%的城市生活垃圾能够能源化利用，其热量相当于 2000 万吨标煤。

生活垃圾焚烧厂烟气是焚烧污染排放的重要来源，受到大众特别关注的焚烧过程中产生的二噁英(Dioxin)。现代化的生活垃圾焚烧厂其污染排放已经很低。2005 年 9 月，德国环境部(BMU)在一份报告中指出，“……，尽管 1985 年以来，垃圾焚烧规模增加 1 倍，由于生活垃圾焚烧厂严格的排放标准，生活垃圾焚烧已经不是大气中二噁英(Dioxin)、重金属和烟尘等污染物显著排放源。在德国所有的 66 个垃圾焚烧装置中，由于按照法规要求配置袋式除尘器，二噁英(Dioxin)年排放量由 400g 下降到不足 0.5g，下降幅度接近 1000 倍。”比较其他工业排放，该报告中指出，“生活垃圾焚烧污染物排放下降最显著，在 1990 年德国生活垃圾焚烧二噁英(Dioxin)年排放量约占全部的近三分之一，而到 2000 年，这一比例下降到不足百分之一”。表 5-6 和表 5-7 反映德国通过实施严格的生活垃圾焚烧烟气排放标准所带来的污染物排放量的变化。

德国按来源分二噁英(Dioxin)年排放量统计　　　表 5-6

年　份	1990	1994	2000
金属加工	740	220	40
垃圾焚烧	400	220	0.5
电站	5	3	3
工业焚烧设施	20	15	<10
民用燃烧装置	20	15	<10
交通	10	4	<1
火葬场	4	2	<2
排入大气中合计	1200	330	<70

德国生活垃圾焚烧厂典型污染物年排放量统计　表 5-7

年份	1990	2001	年份	1990	2001
铅	57900kg	130.5kg	烟尘	25000t	<3000t
汞	347kg	4.5kg			

在欧洲，“垃圾焚烧指南”（2000/76/EC）规定了严格的排放指标，这一指标明显低于其他工业排放要求。“垃圾焚烧指南”范围包括垃圾焚烧厂和垃圾与工业燃料混合的焚烧厂（co-incinerate），但对后者氮氧化物和烟尘的排放要求也明显放宽。

根据美国环境署（EPA）统计，美国生活垃圾焚烧发电厂二噁英（Dioxin）年排放当量从 1987 年的 1000g 下降到 2002 年的 12g，而相应的露天焚烧庭院垃圾所排放的二噁英（Dioxin）当量总计要超过 600g（Nickolas J. Themelis 2004）。

我国《生活垃圾焚烧污染控制标准》（GB 18485—2001）主要指标明显严于火电厂和锅炉厂的排放要求。因此，只要严格执行国家相关标准，生活垃圾焚烧烟气污染排放是十分有限的。

生活垃圾焚烧处理可以有效削减 COD 减排。每吨生活垃圾产生的 COD 在 0～0.2t，即使是卫生填埋，在降水量多的地区也可能达到 0.01tCOD/t 垃圾。

5.4　垃圾填埋处理

5.4.1　填埋处理的发展

所谓卫生填埋，就是能对渗滤液和填埋气体进行控制的填埋方式。早期的垃圾填埋处理由于未控制其对环境的污染，造成了严重的后果。直到 20 世纪 30 年代，在美国的加利福尼亚才首次提出“卫生填埋”的概念。由于垃圾产量大大增加，而且含有有毒有害物质，因此造成环境污染的可能性也大大增加，所以人们对垃圾填埋场的环境影响越来越重视，垃圾填埋场的操作运行管理越来越严格。

填埋处理作为垃圾最终处置手段一直占有重要地位，目前仍然是大多数国家主要的处理方式。垃圾填埋处理具有操作设备简单、适应性和灵活性强特点，但理想的垃圾填埋场越来越少，特别是对于经济发达国家填埋处理所占比例进入 20 世纪 80 年代后有下降趋势。导致填埋场数量下降的原因有三条：①旧填埋场逐渐达到其饱和状态；②新填埋场选址困难；③由于环境保护标准不断提高，一些不符合环保要求的垃圾填埋场被迫关闭。据美国环保署(EPA)统计预测，美国填埋场数量将由 1993 年的 3300 多座下降到 2005 年的 1654 座，2010 年将降到为 1200 座。

由于垃圾资源再生利用率提高，同时也为减少垃圾填埋场污染物的产生，垃圾填埋场的填埋物有机物含量会逐步降低。例如，进入 20 世纪 90 年代以后，美国相继实施禁止庭院垃圾(Yard Waste)进行填埋处置的条例。为逐步减少可生物降解有机垃圾的填埋量，欧盟垃圾填埋指南(CD1999/31/EU/1999)提出了几个阶段性目标(见图 5-14)，第一阶段目标是在 2006 年将进入填埋场的有机物在 1995 年的基础上削减 25%；第二阶段目标是在 2009 年将进入填埋场的有机物在 1995 年的基础上削减 50%；第三阶段目标是在 2016 年将进入填埋场的有机物在 1995 年的基础上削减 65%。而德国、奥地利、瑞士等国提出了更高的要求；瑞士要求在 2000 年实现进入填埋场的垃圾总有机碳 (TOC)控制在 5%以下，奥地利提出的相应

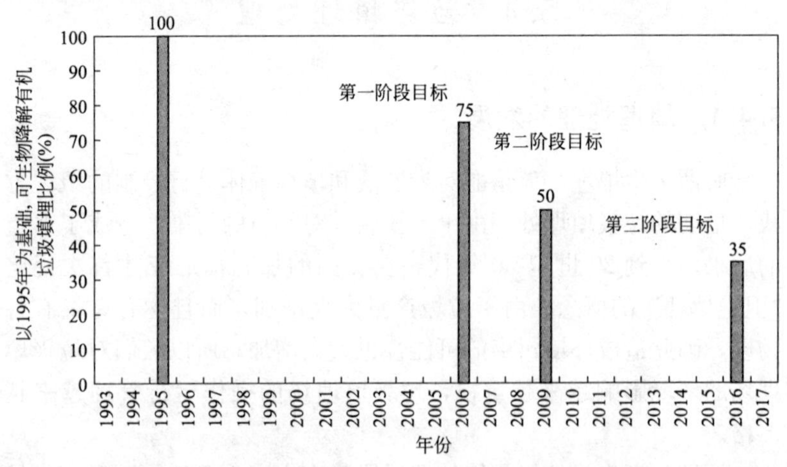

图 5-14 欧盟垃圾填埋指南中削减生活垃圾填埋场有机物含量的三阶段目标

目标是2004年，德国提出的相应目标是2005年。进入填埋场的填埋物总有机碳(TOC)要小于5%，就意味着填埋的垃圾基本上就是灰渣，也就意味着剩余垃圾(或其余垃圾，即除去单独收集的剩余垃圾)都要进行焚烧处理才能实现这一目标。

根据2009年8月公布的城市建设统计年报统计结果，截至2008年底，全国655个设市城市生活垃圾清运量1.54亿吨，有各类生活垃圾场500座(剔除个别城市误报数据)，其中城市生活垃圾填埋场407座。目前，我国现有设市城市660多座，许多城市还没有生活垃圾填埋场，按照660座城市估算，生活垃圾卫生填埋场的合理需求量应该在800座左右，因此，生活垃圾填埋场数量在挤掉统计水分后将逐步增加。

5.4.2 填埋场分类

根据填埋物的稳定性垃圾填埋场可分为反应式填埋场和惰性垃圾填埋场。按照填埋堆体的空气状态分为厌氧填埋场、好氧填埋场和准好氧填埋场(又称生物反应器型填埋场)。目前我国国内城市生活垃圾填埋场基本为厌氧填埋场，好氧填埋场和准好氧填埋场还很少应用。

反应式填埋场，即混合垃圾填埋场。正如名称所表示的，填埋物是那些将发生化学和生物反应的垃圾。该类型填埋场填埋的垃圾主要是混合的，未经处理的居民区垃圾，如生活垃圾、市场垃圾、与生活垃圾类似的工业垃圾、分选剩余物和不能回收利用的残渣等。这种填埋场会产生有机物和无机物浓度很高的渗滤液。其结果多半是不得不在后续的工段上加以特殊的渗滤液处理。能产生有机分解反应的垃圾同样也会产生大量的填埋场气体(在10～20年内大约200～300m^3/t)。填埋气体含有许多种微量气体，为了保障填埋场安全，填埋场要设置导气设施；为了减少温室气体排放，填埋气体应进行燃烧处理或回收利用。

惰性垃圾填埋场，填埋相对干燥的垃圾。这些垃圾只发生微弱反应，含有不易游离的有害物质，如建筑业拆下来的类似岩石的废料(木质小于5%)，轻度使用过的土方等。一般情况下，收集到的渗滤液在检查之后就可直接排放。不需要排放气体。只要地下土层质量好，这种惰性垃圾填埋场完全可以不要人工衬层。但是，多数情况下要有排水设施和简单的基底结构。

与惰性垃圾填埋场类似的残渣填埋场。渗滤液多半含有很高的盐分，也会含有金属物。如果仅仅是含盐的污水，那么在详细检查之后就可以直接排放。若是含有其他有害物质，那就必须再处理(沉淀、中和等)。

5.4.3 厌氧填埋场

厌氧填埋场通常根据场地的形态又分为四种类型(见下图 5-15)：平地式填埋场、斜坡式填埋场、山谷式填埋场和坑式填埋场。

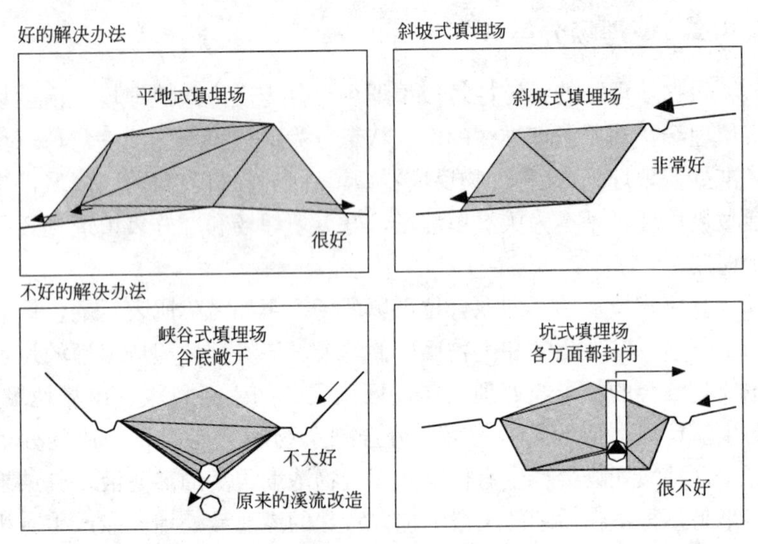

图 5-15　填埋场的型式

平地式填埋场建于平坦地带。基底结构形式使渗滤液能向四周自由流动并在填埋场边缘聚集。只要不是坐落在危险地区，侧面水实际上不会流入填埋场。填埋场从各个侧面都能接触到。围绕整个填埋场周围可设一个完善的监测网。基底结构可以按照斜面向外坡度的要求来设计和修筑。因为不需要侧面防渗，所以造价相对便宜。斜坡可以根据垃圾填埋情况比较随意定型而又符合要求。平地式填埋场的缺点是占地大，同时在平原上形成了一个有碍风景的异样物。

斜坡式填埋场依靠在一个天然的陡坡上。尽管只有一个斜面，但可以保证渗滤液自由流出。其优点类似于平地式填埋场，容易融合在周围环境之中。许多这种填埋场在封闭和绿化之后几乎看不出异样。其缺点是一个侧面需要防渗。实际上侧面防渗与基底防渗一致。侧面防渗要防止山上承压水侵袭和滑坡。有时需要在衬层下面摊铺专门的地下水排水管并列入规划。另外可利用环形沟槽和排水管来保护填埋场防止外来水和斜坡水的侵入。

山谷式填埋场。过去有许多填埋场都建造在自然风景不大引人注目的山谷中。可是今天，除了个别例子外，大多成了包袱。山谷所在地也通常是丘陵地或者是山区。这些地方通常降水量高于其他地方。另外，谷底中还有溪流。在填埋场兴建前最好是先把溪流引入到旁边的山谷中。因为把排水管建在谷底，工程投资显著增加。尽管如此，也不能保证沟谷将来不被污染。过去所建大部分排水管，或者由于局部淤堵的结果，或者因为山体的压力而破损，更确切地说，是因为化学影响而变得不能防渗。另一个缺点是外来水从山谷两翼流进填埋场侧面和上部。虽然可以用环形截洪沟来收集这些外来水。可是在发生更大的暴雨时，沟渠的水会迅速涨满溢出，截洪沟经常泥沙淤积，或者是被植物、树枝或者石块堵塞。山谷的地下土层结构通常是不均匀的，防渗性能较差，很多实例证明它与地下水系及水源相连。尽管可以通过现代工程手段可以将山谷底部进行防渗处理，但道路、土方工程费用会显著增加，总之，山谷式填埋场投资费用和运行费用较高已经成为其明显的缺点。

坑式填埋场。这种填埋场就是挖坑或利用碎石坑，石灰石坑或黏土坑填埋垃圾。然而，这种填埋场经过长期实践大多数效果不好，一个主要的缺点是，几乎不能保证渗滤液的自流排放。填埋场建成几十年后还必须从底部通过泵抽排渗滤液，以防止过多的渗滤液造成溢流。

生活垃圾厌氧填埋场需要专门工程设计，建设内容包括：防渗工程、渗滤液导排工程、污水导排工程、渗滤液处理工程、填埋气体收集系统、填埋气体处理工程、场区道路以及垃圾计量、填埋场作业机械、覆盖、灭蝇等。

填埋场图片见图 5-16。

图 5-16 填埋场图片

(*a*)填埋场防渗；(*b*)填埋场导气石笼；(*c*) 填埋场渗滤液处理；
(*d*) 填埋气体发电；(*e*)填埋场边坡覆盖；(*f*)填埋作业

5.4.4 生物反应器型填埋场

生化反应器填埋场指在将填埋场建成一个生物化学反应器，在强调防止对外污染的同时，强调对填埋场内部生化过程的控制，以减少渗滤液的处理量和难度、加速填埋有机物的稳定化。准好氧填埋的基本方法是在厌氧卫生填埋的基础上，让排气管和渗滤液收集管连通，允许空气沿渗滤液收集管道的顶部被动地进入填埋场，管道的一端与大气相连。这种填埋方法的最大优点在于，并不需要外动力，如通风等，就可以将空气引入填埋场中，从而既可达到加速填埋场稳定化的作用，又不会大幅度增加填埋场建设的运行费用。

填埋场建设的最大投资来源于场地整理和防渗，如果我们能够简化防渗，减少占地就可以大幅度减少投资；如果减少渗滤液并简化渗滤液处理就可以显著减少运行费用，美国好氧反应器型填埋场的就是一个值得尝试的实践，其原理简单地说，就是在填埋场中进行堆肥处理，或者建成填埋场式的堆肥处理场。

以前建设堆肥处理是，总是在追求短的发酵时间，所谓动态快速堆肥系统可以将一次发酵时间缩短到 1 周以内。

如果将填埋场按照静态堆肥处理的方式建设，发酵时间 1 年是可以保证充分发酵。

实际运行中，将发酵后的筛下物或做肥料或做土地整理的回填土；筛上物中可燃物部分可以集中作为燃料进行能源利用；这样的填埋场由于占地小，循环利用，又可最大限度进行雨污分流(雨天时用塑料膜覆盖)，不需要建设复杂的渗滤液处理设施；建设费用和运行费用都将显著降低。

6 农村垃圾管理

6.1 垃圾管理队伍建设

建立村镇垃圾收运体系重点是人员机构建设，目标是首先对包装类垃圾(逐步建立家庭有毒有害垃圾，其他工业品类垃圾)进行集中收集、运输和处理，方法是建立类似目前废品收购体系的企业化模式。

按照县域行政区域划分，进行规划。以县级生活垃圾处理场为中心，以包装类垃圾为重点(逐步建立家庭有毒有害垃圾，其他工业品类垃圾)进行集中收集、运输和处理；对于农户，可腐烂的有机垃圾就地资源化利用，渣土、砖瓦等惰性垃圾就地填坑；对于乡镇(街道)居民，剩饭剩菜等可腐烂垃圾以及渣土等惰性垃圾进行集中收集，在乡镇垃圾处理点进行处理。达到户有垃圾桶，村(组)有垃圾收集房，乡(镇)有垃圾站和垃圾处理点的建设要求。

组建环卫队伍，制定作业标准，实施制度化，经常化环卫作业。

各县(市、区)要加强对农村垃圾收集处理工作的组织领导，建立健全乡村环境卫生保洁人员和必要的清扫保洁运输工具。

村组人员配备：每1000口人至少配1名垃圾收集保洁人员。

主要职责：将村(组)垃圾房中收集的垃圾运送到乡(镇)垃圾站，收集频次1～2周一次；村(组)范围内的保洁(收集路边、野外等处包装类垃圾)；指导垃圾分类和保洁，并负责家庭宣传监督。

乡镇街道人员配备：每500人至少配1名垃圾收集保洁人员。

主要职责：将乡(镇)垃圾站中收集的垃圾运送到县级垃圾处理场，收集频次1～2周一次；街道范围内的包装类垃圾收集；指导垃圾分类和保洁，并负责家庭宣传监督。

对于可腐烂垃圾、清扫灰土等其余垃圾收集以及这些垃圾的处理根据实际需要配备人员。

由于需要集中的生活垃圾量少而分散，分别建立独立的运输系统，将使运输成本明显增高，且不利于专业化维护；需要按照物流管理，优化运输流程，如建立统一的运输体系，进一步降低运输成本，适应村镇的支付能力。

6.2 技术与管理

村镇生活垃圾需要集中处理，集中程度与运输费用支出能力又构成约束。解决这一矛盾的方法是有限收集、集中处理。村镇地区往往基础设施条件薄弱，如道路硬化水平低，家庭用燃气普及率低等，生活垃圾中的渣土类无机垃圾含量高，如果不进行分类收集，而将这些垃圾集中长距离运输，显然是不经济的，也是不必要的；同样，对于可腐烂的有机垃圾进行长距离集中，同样是不经济的，也不利于有机垃圾资源化利用。因此，村镇生活垃圾管理需要从以下几方面抓手。

(1) 废纸、废金属等废品类垃圾可定期出售。

(2) 对于街道居民，生活垃圾除废品后，推行两类垃圾收集：一类为可腐烂垃圾与清扫灰土等(包括厨馀、食品类、动植物、灰土等其余垃圾)；另一类为包装类垃圾(主要为不能利用的各类包装垃圾、不能利用的废品类垃圾)。

(3) 每户准备一个塑料桶(垃圾袋)；主要收集包装类垃圾以及上述1、2条以外的垃圾。这些垃圾收集后定期送到乡(镇)垃圾站。

(4) 乡(镇)垃圾站收集的包装类垃圾将运送到县垃圾处理场集中处理，收集频次可根据实际需要设定，可选择每周1～2次。

(5) 乡(镇)垃圾站占地300～500m^2，设置建筑面积约为40～60m^2库房，要求通风，遮雨。

(6) 对于可腐烂垃圾、清扫灰土等其余垃圾，利用现有的垃圾收集系统(如垃圾池或垃圾桶)进行收集。

(7) 对于可腐烂垃圾、清扫灰土等其余垃圾，其中包装类垃圾等能够控制在3%以下，可采用条形堆肥处理。将垃圾堆为长条形，断面为三角形或梯形，堆高在2m左右，堆放形式可参照图5-4，堆肥时间一般2～3个月以上。条形堆肥场地可选择田间、田头或草地、林地旁。占地面积根据日处理量确定，按每1t/日需要500m²选取。

(8) 对于可腐烂垃圾、清扫灰土等其余垃圾，其中包装类垃圾等能够控制在5%以下，可采用简易填埋处理。具体要求如下：

1) 简易填埋处理，可将垃圾堆高或填坑，垃圾堆高或填坑深度控制10m以内。

2) 简易填埋处理一般选用自然防渗方式，应尽可能选择在土层厚、地下水位较深、远离居住和人口聚集区、地质较稳定的地方。

3) 对于废弃的坑地可结合造地进行复垦。

4) 生活垃圾经过1年左右基本腐熟，可以作为改良土壤的肥料进行使用，必要时，场地可进行循环使用。

5) 简易填埋场周围需设置简易的截洪、排水沟，防止雨水侵入。

6) 填埋作业时要坚持及时对垃圾覆土，并加强消毒、灭蝇。

(9) 对于可腐烂垃圾、清扫灰土等其余垃圾，未推行包装类垃圾等分类收集，要采用卫生填埋处理。

6.3 实践与探索

6.3.1 垃圾分类收集案例—广西横县

横县生活垃圾分类项目来源于1994年开始的“中国横县－菲律宾国际乡村改造学院(IIRR)乡村改造教育合作项目”，是经国家教育部和自治区教育局推荐，菲律宾国际乡村改造学院(IIRR)与横县人民政府签订了开展环境保护教育的协议。1994年至1999年间，IIRR与横县教育、环保、卫生、农业四家部门组成的项目小组，而垃圾分类收集是属环保项目中的一个子项目。从1999年开始着手进行生活垃圾分类收集的摸底调查、骨干培训、宣传发动、制定实施方案等前期工作，通过近一年时间的充分准备和宣传动员，垃圾分类收集工作得到了各单位和广大市民的大力支持。2000年9月3日，该县城市生活垃圾分类收集试点在县城内垃圾污染最严重的老街～西街和马鞍街两段小巷共236户居民住户中正式启动，以可堆肥和不可堆肥两大类进行分类收集，由县环卫站免费给居民住户发放分类标志桶，确定垃圾分类标准，组织专人上门收集和监督，统一定制收集工具，建立监督管理和奖罚机制等，经过三个月的艰苦努力，第一个垃圾分类收集试点工作取得了较好效果，得到了美国洛克菲勒兄弟基金会和香港浸会大学黄焕忠教授给予项目基金、项目运作和堆肥技术的支持。因此，该县从2001年4月开始，采用“先易后难，集中整顿”的办法，有计划、有步骤地扩大县城的垃圾分类收集范围，做到实施一片、成功一片、巩固一片，再新发展一片。至2004年6月底，该县县城生活垃圾分类收集已普及推广到了9300多个居民住户、100多个单位、80多家大中型酒楼、13所中小学校和3个农贸市场，占服务范围的70%，垃圾分类正确率达95%以上，县城的生活垃圾清运量由原来日产60～70t减少至现在的30～40t，大大降低了垃圾处理成本。同时，为将可堆肥垃圾转化为有机肥料，

横县生活垃圾主要分为三大类收集：第一类是瓜皮果核、剩饭剩菜、废弃食品、动物骨头、灰土等“可堆肥类”生活垃圾，由环卫工人收集后，运往垃圾处理场进行有机肥料转化；第二类是塑料、玻璃、金属、陶瓦、砖石、纸类、纤维类等“不可堆肥类”生活垃圾，包括可回收利用和不可回收利用垃圾；第三类是废旧灯管、电池、药瓶等“危险垃圾”，有毒有害垃圾除医疗垃圾由南宁市兆洁公司统一收集处理，其余采用仓库临时集中存放安全处理。

6.3.2 垃圾分类收集案例—北京市门头沟区王平镇

2006年11月，北京市门头沟区王平镇试点开展生活垃圾分类管理。为确保实现源头分类，这些试点镇积极探索管理办法，调动农民主动参与的积极性。

门头沟区王平镇东马各庄村的每户农家，垃圾都分门别类存放在6个标志着“灰土、厨馀、可再生、可燃、有害、不可再生”的垃圾桶和垃圾袋中。两年多来，这个小山村的80户村民已经习惯将垃圾分类存放，保洁员上门回收，90%的垃圾实现就地消纳，变成有机肥、燃料等资源。6个贴着标签的垃圾桶和垃圾袋依次排开。打开桶盖，一目了然，隔夜的炉灰装在“灰土”桶中，“厨馀”桶里是白菜叶和土豆皮。村里有专职保洁员挨家挨户收垃圾。把灰土、厨馀、不可再生垃圾分别倒进保洁车后，保洁员递上一张“合格卡”。当家庭凑够30张“合格卡”月底可以到村委会领取奖励。另外，塑料袋、电池这些垃圾攒够一个月，也可以到村委会换取日用品。

另一种办法是上门收集垃圾时，由保洁员针对各户分类情况出具小票，一个月全合格的农户，可在月底凭合格小票到村委会领取酱油、醋、洗衣粉等生活必需品或者10至15元的奖励，差一天则扣减0.5元，以此激励村民自觉进行垃圾分类。王平镇一直坚持从农户开始垃圾分类。逐渐地，农民开始意识到垃圾分类带来的环境改善，并且主动维护村容村貌。

农村生活垃圾多数由灰土、厨馀、落叶、树枝等构成。分类集中的管理办法，使这些垃圾有条件就近消纳，成为可利用的资源。厨馀等有机垃圾可以运到镇里肥料厂或者村里的堆肥点进行处理；灰土可以收集起来，修路的时候垫坑；落叶、树枝、木棍、干果壳等可燃物，可以由村民自行保管，也可以由村里统一收集，作为冬季取暖燃料使用；瓶罐、塑料袋等可再生垃圾可以按市场价卖给回收企业。仅余下废旧电池、过期药品等有害垃圾和不可再生垃圾，均由镇政府统一回收，送往区填埋厂或专门垃圾处理厂。

在推行垃圾分类处理的过程中，王平镇投入近200万元，为全镇3600多户村民和居民配备了垃圾桶和垃圾袋，购置了厨馀垃圾车和灰土垃圾车，建起了生物质肥料厂和生活垃圾压装站，使垃圾分类、收集、利用各个环节有机连接。在没有实行垃圾分类前，垃圾车要往返运输好几趟。现在，90%垃圾可以不出镇就地处理和利用，需要运出去进行集中处理约占10%。

6.3.3 集中处理案例—新津生活垃圾焚烧处理厂

2006年以来，四川省成都市先后颁布了《成都市人民政府办公厅关于转发市城市管理局关于开展农村生活垃圾集中收运处置工作实施意见的通知》(成办函［2006］186号)；《成都市人民政府关于全面建设农村生活垃圾收运处置体系的意见》(成府发［2007］56号)等7个规范性文件，推进村镇生活垃圾处理。

首先是确定了我市农村生活垃圾集中收运处置的运行模式为“户集、村收、镇运、县处置”。将各区(市)县政府作为推行农村生活垃圾的责任主体，要求各镇(乡)，软件建设建设做到“五个一”即：搭建一个工作班子，制定一个实施方案，建立一套运行机制，完善一套工作制度，健全一套保障机制；硬件建设要做到“五个有”即：有稳定的保洁队伍，有专业运输队伍，有符合环保要求的村级垃圾收集容器，有齐备的环卫作业设施，有环保型的垃圾处置场地；环境建设“五个无”即：村内无积存垃圾、无卫生死角、沟渠河道无漂浮物、道路清扫无垃圾、田间地头无裸露垃圾。从2006年下半年至2008年12月，全市已完成农村生活垃圾集中收运处置的街办、镇(乡)238个，2895个村全面投入运转，惠及农村人口548万人，已建成垃圾中转房9867座，设置垃圾桶26404个，购置人力三轮转运车13301台，购置垃圾转运车434台，招聘保洁人员13882人。至此，我市农村生活垃圾集中收运体系全面建成，处置体系正在建设当中，实现了农村生活垃圾集中收运全覆盖。

其次是建立了市、区(市)县两级财政资金保障制度，明确了市级以奖代补资金的补贴范围，分为体系建设资金补贴，主要包括：垃圾房(桶点)的建设，清运工具的购置并按二圈层区县30%，三圈层市县60%予以补贴；运行资金补贴包括：运输费用、处置费用和保洁人员工资；生活垃圾运输车辆购置补贴，二圈层区县按20%，三圈层市县按50%予以补贴；生活垃圾处置场建设资金补贴，三圈层8个市县建设生活垃圾处置场按总投资的50%予以补贴，最多不超过2000万元/座。同时要求区(市)县财政按照“保障工作、足额配套”的原则落实配套资金，对未足额配套的，视其资金配套情况相应扣减市级以奖代补资金，同时，对专项资金的使用和监管作出了明确规定。

三是建立了目标考核制度。对组织实施、考核方法，考核内容、考核评分标准、考核结果的核算与通报等作出了详尽的规定，实行季考核、半年小结、年终总评，将考核结果与补贴资金拨付挂钩。市政府将农村生活垃圾集中收运处置工作作为专项工作目标，对区(市)县进行考核，考核结果作为评定区(市)县推进城乡一体化和建设社会主义新农村工作成效和享受该项工作市级财政专项以奖代补的重要依据。为此，市政府目督办、市城管局、市财政局按季度对这项工作开展了专项检查并排名通报，市城管局组织力量定期或不定期对各区(市)县镇(乡)工作推进情况进行暗访，及时通报整改，各区(市)县政府加大对镇(乡)的检查考核力度，形成了市对各区县，各区(市)县对镇(乡)的几级目标督查考核机制。

四是集中焚烧处理生活垃圾。成都市规划将在二、三圈层建成8个垃圾处理厂，处理所有的村镇生活垃圾。新津县生活垃圾焚烧处理厂作为第一个服务村镇生活垃圾处理厂，于2008年底投入使用。

新津县生活垃圾焚烧处理厂总投资为4600万元，一期投资3700万元，二期投资900万元。四川海诺尔环保产业投资有限公司出资70%，新津县人民政府出资30%。处理总规模320t/d，一期160t/d，二期160t/d。该项目采用BOO(建设、拥有、运营)模式建设和运行。按照协议，海诺尔公司负责处理厂运营，新津县则每年付给其垃圾处置费。

6.3.4 集中处理案例一浙江诸暨市

浙江省诸暨市采用垃圾处理厂由政府与环保企业出资共建模式，村镇生活垃圾由村收集、乡转运、进行集中处理。各镇乡设中转站，各村按规模大小设一个以上垃圾收集站，每村配备保洁员负责公共地域卫生，建立起镇乡和村两级垃圾清扫、收集、运输系统。村垃圾集中到收集站，每天或隔天把垃圾运到中转站，镇乡负责每天把中转站垃圾清运到焚烧场，彻底处理农村垃圾。其中，该市8个镇乡(街道)与专业保洁公司签订了协议，由保洁公司负责日常保洁；12个镇乡(街道)成立了专业保洁队伍，对辖区所有村庄、公共路段、河道等实施保洁；7个镇乡(街道)采用由村自行聘请保洁员、镇乡(街道)资金直补的方式进行保洁。

诸暨市丰泉浬浦垃圾无害化处理中心，由福建丰泉环保设备公司和诸暨市共同出资近3300多万元建设，项目占地面积30亩，日处理能力100t。焚烧炉为立式热解焚烧炉，焚烧余热通过余热锅炉可转换成蒸汽和热水，温焚烧后形成的炉渣用作生产建材的原料。服务范围包括街亭、璜山等附近10个乡镇、30万人口。

诸暨市店口镇垃圾焚烧处理中心由浙江中伟环保科技有限公司建设运营。采用立式热解焚烧炉，日处理能力150t，服务范围包括店口、山下湖等6个镇乡，服务人口约26万人。

立式热解焚烧炉的原理类似蜂窝煤炉，而垃圾就是“蜂窝煤”，可实现连续焚烧，操作维护简便，运行成本相对较低，主要技术指标见表6-1。

立式热解焚烧炉的主要指标 **表6-1**

序号	指标内容	指标	备注
1	焚烧规模	100t/d	—
2	处理对象	生活垃圾	—
3	焚烧主机	立式热解焚烧炉	—
4	装机容量	400kW	—
5	日耗水量	100t	—
6	年耗油量	5～15t/年	—
7	年工作时间	8000h	—
8	全厂定员	25人左右	—
9	占地面积	23000m^2(35亩)	—
10	焚烧综合成本	80元/t	—
11	灰渣利用	5000m^3/年	焚烧产生的可利用残渣
12	余热利用	40000t/年	焚烧产生的可利用余热蒸汽

参 考 文 献

[1] 建设部计划财务司，城市建设统计年报，1979～2008.

[2] United States Environmental Protection Agency Offce of Solid Waste，MUNICIPAL SOLID WASTE IN THE UNITED STATES：2006 FACTS AND FIGURES.

[3] Bundesumweltministerium Referat，Siedlungsabfallentsorgung Statistiken und Grafiken，WA II 4 Stand：1. Juni 2005.

[4] 日本環境衛生センターは，Fact Book 廃棄物基本データ集 2002.

[5] Luis F. Diaz George M. Savage Linda L. Eggerth Clarence G. olueke，Solid Waste Management for Economically Developing Countries.

[6] USA，Code of Federal Regulations（CFR）40，PART 258—CRITERIA FOR MUNICIPAL SOLID WASTE LANDFILLS.

[7] Council Directive 1999/31/EC of 26 April 1999 on the landfill of waste.

[8] Germany. Bundesministerium für Umwelt，Naturschutz und Reaktorsicherheit，TA Siedlungsabfall，1993.

[9] United States Environmental Protection Agency Offce of Solid Waste，MUNICIPAL SOLID WASTE IN THE UNITED STATES：2005 FACTS AND FIGURES.

[10] Bundesumweltministerium，2006 Municipal Solid Waste Management Report，1 September 2006.

[11] http：//www. city. nagoya. jp/global/zh/living/seikatsu/gomi/gomino.

[12] Nickolas J. ThemelisYoung Hwan KimMark H. Brady，Energy recovery from New York City municipal solid wastes，Waste management & research，2002，vol. 20 no. 3.

[13] 侯庆喜，刘苇，洪义梅. 我国废纸回收利用情况及发展趋势，《中华纸业》2008，14.

[14] 徐文龙，卢英方，Rudolf Walder，徐海云. 城市生活垃圾管理与处理技术 [M]. 北京：中国建筑工业出版社，2006.

[15] http：//www. epa. gov/osw/conserve/materials/hhw. htm.

[16] Waste Management Council, Separate Collection Of Hazardous Household Waste In The Netherlands, August 2003.

[17] US Environment Protection Agency(EPA). Decision Maker's Guide to Solid Waste Management. Volume. Ⅱ, 1995.

[18] Stadtreinigung Hamburg. 100 JAHRE MÜ LLVERBRENNUNG IN HAMBURG, 1996.

[19] National Environment AgencyAnd Ministry of the Environment & Water Resources Singapore. Integrated Solid Waste Management in Singapore, Asia 3R Conference, 30 Oct-1 Nov 06.

[20] Map European Waste-to-Energy Plants in 2006. http://www.cewep.com/data/studies.

[21] 環境省総合環境政策局環境計畫課. 环境统计集，平成 21 年.

[22] European IPPC Bureau. Integrated Pollution Prevention and Control. Reference document on the best available techniques for waste incineration, July 2005.

[23] Federal Ministry for the Environment, Nature Conservation and Nuclear Safety. Waste incineration-a potential danger? Bidding farewell to dioxin spouting. September 2005, translated from the original German version, published in July 2005. www.bmu.de/english/waste_management/downloads/doc/35950.php.

[24] Themelis, Nickolas J. Thermal treatment review, Waste Management World, OCT, 2007.

[25] 闫雪静. "九成垃圾变资源，就地利用不出村" 北京时报，2009 年 3 月 18 日.